新工科建设之路·数据科学与大数据系列

云计算与云存储系统实战

张 晓 赵晓南 曾雷杰 编著

电子工业出版社
Publishing House of Electronics Industry
北京·BEIJING

内 容 简 介

云计算已经成为信息社会和商业创新的重要基础设施，它的出现提高了人们生产、生活的效率，降低了创新、创业的门槛。本书通过三个系列实验，让读者理解和掌握云计算相关的概念、组成、使用和搭建方法。全书共 18 章，分为三个部分：第一部分（第 1～7 章）介绍公有云计算的概念和起源，然后分别在阿里云和亚马逊云两个平台上申请和使用计算、存储和网络资源；第二部分（第 8～16 章）介绍了开源私有云计算平台 OpenStack 的概念和组成，然后在虚拟机上部署和使用私有云计算平台；第三部分（第 17～18 章）介绍了开源云存储系统 Ceph 的概念和组成，讲解了如何搭建和使用 Ceph 存储系统。

本书可作为高等院校云计算实验课程的教材，或作为云计算理论课程的实验教材，还可以作为对云计算和云存储系统感兴趣的研究人员和工程技术人员的参考资料。本书介绍的实验相对独立，并且配有视频讲解安装和配置过程，读者可选择不同的实验内容进行自学。

未经许可，不得以任何方式复制或抄袭本书之部分或全部内容。
版权所有，侵权必究。

图书在版编目（CIP）数据

云计算与云存储系统实战 / 张晓，赵晓南，曾雷杰编著 . —北京：电子工业出版社，2020.6

ISBN 978-7-121-38106-5

Ⅰ. ①云… Ⅱ. ①张… ②赵… ③曾… Ⅲ. ①云计算－高等学校－教材　②计算机网络－信息存贮－高等学校－教材　Ⅳ. ① TP393.027 ② TP393.071

中国版本图书馆 CIP 数据核字（2019）第 274232 号

责任编辑：孟　宇
印　　刷：北京盛通数码印刷有限公司
装　　订：北京盛通数码印刷有限公司
出版发行：电子工业出版社
　　　　　北京市海淀区万寿路 173 信箱　邮编：100036
开　　本：787×1092　1/16　　印张：14　　字数：314 千字
版　　次：2020 年 6 月第 1 版
印　　次：2025 年 2 月第 6 次印刷
定　　价：52.00 元

凡所购买电子工业出版社图书有缺损问题，请向购买书店调换。若书店售缺，请与本社发行部联系，联系及邮购电话：（010）88254888，88258888。
质量投诉请发邮件至 zlts@phei.com.cn，盗版侵权举报请发邮件至 dbqq@phei.com.cn。
本书咨询联系方式：mengyu@phei.com.cn。

云计算、物联网、大数据和人工智能技术已成为推动现代信息技术发展的重要力量,与云计算相关的企业和应用蓬勃发展。相比于传统的服务器托管模式,云计算具有颠覆性的优势,它提供了安全、动态、可伸缩、低成本的基础设施服务和平台服务。使用云计算的企业和个人仅需专注于业务的开发与改进。

市面上已有大量的云计算书籍,大部分书籍以介绍云计算的理论和概念为主,而通过具体的实例讲解如何使用和搭建云计算系统的书籍较少。本书围绕云计算相关的概念和基础知识,设计了多个实验,由浅入深地逐步剖析云计算的使用方法和组成模块,使读者理解和掌握云计算相关的概念、组成和使用方法。

本书的目的在于通过实践让读者逐渐深入了解云计算。围绕公有云计算、私有云计算和云存储系统设计了三部分实验。公有云计算实验部分通过讲解如何使用阿里云和 AWS(亚马逊云)云计算平台的计算、网络和存储资源,使读者对如何使用公有云计算资源有初步的了解。通过国内、外公有云上的实验让学生了解公有云计算的概念及其使用方法。私有云计算实验部分介绍如何搭建和维护 OpenStack 私有云计算环境,该部分设计的实验是在虚拟机上搭建私有云计算系统,降低了对计算机数量的要求。通过搭建私有云计算系统让学生深入理解私有云计算系统的组成。云存储系统实验部分介绍如何搭建和维护云存储系统 Ceph。通过部署云存储系统让读者理解分布式存储系统的概念和组成。本书的章节组织结构如下。

```
┌─────────────────────────────────────┐                                    ┌─────────────────────────────────────┐
│ 第1章：云计算简介                    │         第一部分：公有云计算实验                                        
├─────────────────────────────────────┤                                    ┌─────────────────────────────────────┐
│ 第2章：公有云服务器配置实验          │                                    │ 第5章：公有云服务器配置实验          │
├─────────────────────────────────────┤         二                          ├─────────────────────────────────────┤
│ 第3章：公有云网络和安全配置实验      │         选                          │ 第6章：公有云网络和安全配置实验      │
├─────────────────────────────────────┤         一                          ├─────────────────────────────────────┤
│ 第4章：公有云存储配置实验            │                                    │ 第7章：公有云存储配置实验            │
└─────────────────────────────────────┘                                    └─────────────────────────────────────┘
              阿里云                                                                      AWS
```

```
┌─────────────────────────────────────┐                                    ┌─────────────────────────────────────┐
│ 第8章：开源私有云计算系统简介        │         第二部分：私有云计算实验                                        
├─────────────────────────────────────┤         二                          ├─────────────────────────────────────┤
│ 第9章：私有云计算实验环境准备(Windows平台)│     选                          │ 第10章：私有云计算实验环境准备(Linux平台)│
├─────────────────────────────────────┤         一                          ├─────────────────────────────────────┤
│ 第11章：安装OpenStack的环境准备      │                                    │ 第12章：安装OpenStack的鉴权组件      │
├─────────────────────────────────────┤                                    ├─────────────────────────────────────┤
│ 第13章：安装OpenStack的镜像管理组件  │                                    │ 第14章：安装OpenStack的计算组件      │
├─────────────────────────────────────┤                                    ├─────────────────────────────────────┤
│ 第15章：安装OpenStack的网络组件      │                                    │ 第16章：安装OpenStack的UI组件        │
└─────────────────────────────────────┘                                    └─────────────────────────────────────┘
```

```
┌─────────────────────────────────────┐
│ 第17章：开源云存储系统Ceph简介       │                  第三部分：云存储系统实验
├─────────────────────────────────────┤
│ 第18章：安装和使用Ceph云存储系统     │
└─────────────────────────────────────┘
```

本书第一部分由李博、凌玉龙、董聪和刘赟校对，第二部分由石佳、张勇、吴东南和张思蒙校对，第三部分由刘彬彬、荀子安和杜科星校对，Cephadam 相关实验由于锦波整理，在此一并对他们表示感谢。

由于云计算和云存储系统组件较多且更新频繁，实验过程中也可能会遇到各种错误和异常，本书篇幅有限，无法列出所有的错误。若读者在实验过程中遇到困难和错误，可以在"云计算与云存储系统实战"百度贴吧寻求帮助，也欢迎在贴吧分享解决问题的过程和方法。另外，本书教学用的 PPT 和参考资料已在码云上开源，可扫描二维码进行下载。

"云计算与云存储系统实战"百度贴吧　　　　PPT 和参考资料下载

由于作者水平有限，书中难免存在不妥之处，恳请读者批评指正。

编者于西北工业大学

2020 年 1 月

目录

第1章　云计算简介 ... 001
1.1　云计算概念 ... 001
1.2　云计算历史 ... 003
1.3　为什么会出现云计算 ... 004
1.4　云计算学习资源 ... 005

第2章　公有云服务器配置实验（阿里云） ... 007
2.1　实验准备 ... 007
2.2　实验1：创建云主机 ... 008
  2.2.1　创建云主机 ... 008
  2.2.2　连接云主机的两种方法 ... 011
2.3　实验2：在云主机上搭建 Web 服务 ... 013
  2.3.1　安装 Apache2 ... 013
  2.3.2　修改 Web 显示的内容 ... 014
  2.3.3　查看连接请求 ... 015
2.4　实验3：在云主机上部署开源网站 ... 016
  2.4.1　选择开源网站并配置环境 ... 016
  2.4.2　修改 PHP 版本（根据部署的网站类型确定） ... 017
  2.4.3　根据提示部署网站 ... 018
2.5　思考题 ... 022

第3章　公有云网络和安全配置实验（阿里云） ... 023
3.1　实验准备 ... 023
3.2　实验1：创建和使用专有网络 ... 025
  3.2.1　创建专有网络 ... 026
  3.2.2　创建 Web 服务云主机 ... 027
  3.2.3　创建管理云主机 ... 028
  3.2.4　创建安全组 ... 030
3.3　实验2：使用 VPN 连接专有网络（可选） ... 033
  3.3.1　PPTP 代理服务器 ... 034
  3.3.2　修改安全组 ... 034
  3.3.3　VPN 服务器的使用 ... 037
3.4　思考题 ... 041

第4章　公有云存储配置实验（阿里云） 042

- 4.1 实验准备 042
- 4.2 实验1：块存储服务 043
  - 4.2.1 创建云盘 043
  - 4.2.2 创建和使用快照 046
- 4.3 实验2：文件存储服务 048
- 4.4 实验3：使用对象存储服务 051
- 4.5 思考题 056

第5章　公有云服务器配置实验（AWS） 057

- 5.1 实验准备 057
- 5.2 创建实例 058
  - 5.2.1 选择 AMI 058
  - 5.2.2 选择实例类型 058
  - 5.2.3 配置实例详细信息 059
  - 5.2.4 添加存储 060
  - 5.2.5 添加标签 060
  - 5.2.6 配置安全组 061
  - 5.2.7 审核与启动 062
  - 5.2.8 选择查看实例 063
- 5.3 查看实例 065
  - 5.3.1 查看描述 065
  - 5.3.2 查看监控 065
  - 5.3.3 获取系统日志 066
  - 5.3.4 获取屏幕截图 067
- 5.4 访问实例 068
  - 5.4.1 查询安全组 068
  - 5.4.2 编辑入站规则 068
  - 5.4.3 HTTP 访问 069
- 5.5 资源再配置 069
  - 5.5.1 实例停止 069
  - 5.5.2 配置资源 070
  - 5.5.3 实例启动 070
- 5.6 终止实例 071
- 5.7 思考题 071

第6章　公有云网络和安全配置实验（AWS） 072

- 6.1 实验准备 072
- 6.2 密钥对的创建 073
  - 6.2.1 访问 EC2 管理界面 073
  - 6.2.2 创建密钥对 073
- 6.3 创建 VPC 074
  - 6.3.1 访问 VPC 管理界面 075
  - 6.3.2 创建并配置 VPC 075
  - 6.3.3 创建其他子网 077
  - 6.3.4 修改路由表 079
- 6.4 创建安全组 080
  - 6.4.1 创建 VPC 安全组 081
  - 6.4.2 编辑入站规则 081
- 6.5 创建实例 082
  - 6.5.1 配置实例详细信息 082
  - 6.5.2 添加标签 082
  - 6.5.3 配置安全组 082
  - 6.5.4 审核与启动 083
- 6.6 Web 访问 083
- 6.7 远程 SSH 访问 084
- 6.8 思考题 085

第7章 公有云存储配置实验（AWS） 086

- 7.1 实验准备 086
- 7.2 Linux 实例确认 087
  - 7.2.1 查看实例的基本信息 087
  - 7.2.2 远程 SSH 访问确认 087
- 7.3 EBS 卷的创建和使用 088
  - 7.3.1 创建 EBS 卷 088
  - 7.3.2 挂载 EBS 卷 088
  - 7.3.3 创建文件系统 088
- 7.4 创建和使用快照 089
  - 7.4.1 向卷中写数据 090
  - 7.4.2 对 EBS 卷创建快照 090
  - 7.4.3 删除数据 090
  - 7.4.4 恢复快照 090
- 7.5 使用对象存储 S3 091
- 7.6 思考题 091

第8章 开源私有云计算系统简介 092

- 8.1 OpenStack 是什么 092
- 8.2 OpenStack 的历史 093
- 8.3 OpenStack 的组成 093
- 8.4 OpenStack 的使用 095
- 8.5 OpenStack 的学习资源 096

第9章 私有云计算实验环境准备（Windows 平台）...097

- 9.1 实验准备 097
- 9.2 实验 1：安装 VMware Workstation 14 098
- 9.3 实验 2：在 VMware Workstation 14 上安装 Ubuntu 16 102
- 9.4 实验 3：安装 OpenStack 的准备工作 108
- 9.5 思考题 110

第10章 私有云计算实验环境准备（Linux 平台）......111

- 10.1 实验准备 111
- 10.2 实验 1：安装虚拟化平台 KVM 112
- 10.3 实验 2：安装虚拟化管理平台 115
- 10.4 实验 3：安装 OpenStack 的准备工作 118
- 10.5 思考题 120

第11章 安装 OpenStack 的环境准备 121

- 11.1 实验准备 121
- 11.2 实验 1：网络环境配置 121
- 11.3 实验 2：安装 OpenStack 所需软件 126

第 12 章　安装 OpenStack 的鉴权组件 130

- 12.1 实验准备 130
- 12.2 实验 1：安装 Identity 服务 130
- 12.3 实验 2：创建租户、用户和角色 132
- 12.4 实验 3：验证相关配置是否正常 134
- 12.5 实验 4：创建 OpenStack 客户端
  环境脚本 136
- 12.6 实验 5：Keystone 服务故障的
  检查与排除 138
- 12.7 思考题 140

第 13 章　安装 OpenStack 的镜像管理组件 141

- 13.1 实验准备 141
- 13.2 实验 1：安装 Glance 服务 142
- 13.3 实验 2：验证 Glance 服务是否
  正常安装 145
- 13.4 实验 4：Glance 服务故障的检查与
  排除 146
- 13.5 思考题 148

第 14 章　安装 OpenStack 的计算组件 149

- 14.1 实验准备 149
- 14.2 实验 1：在节点 Controller 上安装和
  配置 Nova 服务 149
- 14.3 实验 2：在节点 Compute 上安装和
  配置 Nova 服务 156
- 14.4 实验 3：验证 Nova 服务是否
  正常安装 159
- 14.5 实验 4：Nova 服务故障的检查与
  排除 160
- 14.6 思考题 163

第 15 章　安装 OpenStack 的网络组件 164

- 15.1 实验准备 164
- 15.2 实验 1：在节点 Controller 上安装和
  配置 Neutron 服务 164
- 15.3 实验 2：在节点 Compute 上安装和
  配置 Neutron 服务 169
- 15.4 实验 3：设置网络参数 171
- 15.5 实验 4：Neutron 服务故障的检查与
  排除 175
- 15.6 思考题 177

第 16 章　安装 OpenStack 的 UI 组件 178

- 16.1 实验准备 178
- 16.2 实验 1：安装 Dashboard 服务 178
- 16.3 实验 2：创建租户、用户和角色 181
- 16.4 实验 3：创建网络、子网、路由 182

16.5 实验4：从Dashboard创建虚拟机 184
16.6 Horizon服务的故障检查与排除....185
16.7 思考题 186

第17章 开源云存储系统Ceph简介 187

17.1 Ceph是什么 187
17.2 Ceph有什么优势 188
17.3 Ceph的学习资料 188

第18章 安装和使用Ceph云存储系统 190

18.1 实验准备 190
18.2 实验1：安装Ceph云存储系统 191
18.3 实验2：使用Ceph云存储系统的块存储 205
18.4 实验3：使用Ceph云存储系统的文件接口 207
18.5 实验4：使用Ceph云存储系统的对象接口 208
18.6 思考题 211

参考文献 212

第1章 云计算简介

云计算简介

1.1 云计算概念

云计算是一种通过互联网远程使用云计算运营商提供的计算、存储和网络资源的互联网技术,即用户可以通过计算机等终端设备远程使用按需付费的各种资源。对云计算的定义有很多种,现阶段广为接受的是美国国家标准与技术研究院(NIST[①])对云计算的定义:云计算是一个模型,这个模型可以方便地按需访问一个可配置的计算资源集合(如网络、服务器、存储设备、应用程序及服务)。这些资源可以被迅速提供并发布,同时最小化管理成本或服务提供商的交互。云计算模型主要包括5个关键特征、3种服务模式及4种部署方式。云计算平台管理和使用示意图如图1-1所示。云计算管理员通过浏览器管理云计算平台的各种组件,将其配置为不同类型的虚拟资源池。云计算用户通过浏览器远程申请和购买所需资源,并通过互联网使用这些资源。

云计算有以下5个关键特征。

(1)按需自服务:用户可自行定制所需的计算能力,包括服务器类型、所需时长、网络接口等。在用户配置和申请的过程中,不需要与云计算提供商进行人工交互。

(2)网络访问:无论用户使用的客户端是什么,如计算机、笔记本、手机或工作站,都能通过通用网络获取相同的云计算服务。

(3)资源池化:云计算提供商的计算资源被组织为一个资源池来同时服务众多用户。这种资源池是多租户的,根据用户需求的不同有多种物理和虚拟的抽象。用户不需要知道自己申请和使用的资源的具体位置。

(4)快速弹性:云计算提供的能力可以弹性扩张和收缩。有些情况下云计算资源可以自动地、快速地伸缩。对用户而言,这种伸缩性也可以理解为云计算平台可提供近似无限的内存和CPU等资源。

[①] NIST 的云计算定义请参考 https://csrc.nist.gov/publications/detail/sp/800-145/final。

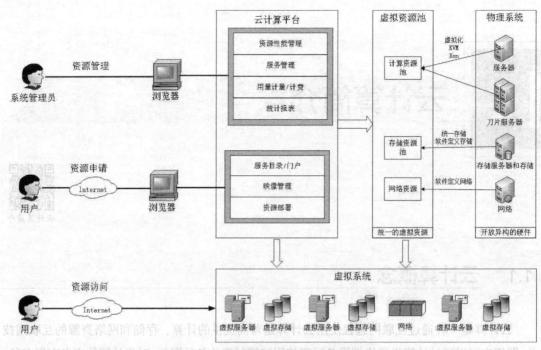

图 1-1 云计算平台管理和使用示意图

（5）可度量的服务：云计算服务内部通过优化和调度提高资源的利用率，同时也为用户提供一些服务的承诺，包括网络速度和 CPU 性能等。

从云计算提供的服务内容来看，云计算可分为基础设施即服务（Infrastructure as a Service，IaaS）、平台即服务（Platform as a Service，PaaS）和软件即服务（Software as a Service，SaaS）等 3 种服务模式。根据所有者和使用者的特点，云计算平台可分为 4 种部署方式，分别是公有云、私有云、社区云和混合云。在公有云中，云计算资源的所有权与使用权分离，用户一般采用按需付费的方式使用云计算资源。

云计算不是一个产品，而是一个技术和服务体系。与以往的互联网产品相比，云计算是一个包罗万象的技术平台，内含数以百计的、可独立使用的、可联合使用的产品。对云计算系统涉及的实体而言，与云计算相关的对象包括云计算设备供应商、云计算技术提供商、云计算运营商以及基于云计算二次开发的企业和终端用户。云计算设备提供商向云计算运营商提供服务器和交换机等基础设施，如国内的华为、浪潮、曙光等服务器提供商。云计算技术提供商向云计算运营商提供云计算相关的虚拟化、安全管理及用户策略等相关软件，如 KVM 和 OpenStack 等。云计算运营商构建云计算中心，向外提供云计算服务，包括 IaaS、PaaS、SaaS，典型的厂商包括阿里云、腾讯云、华为云和亚马逊等。2017 年中国公有云运营商生态竞争格局如图 1-2 所示。云计算用户既可以是个人用户，又可以是使用云计算向外提供服务的企业，如美图秀秀和 Dropbox 等。

图 1-2 2017 年中国公有云运营商生态竞争格局

目前,云计算正处于高速发展期,云计算系统在安全性、可扩展性、可靠性及性能等方面还有很多值得研究的问题。

1.2 云计算历史

1983 年,太阳计算机系统公司(Sun Microsystems)提出了"网络是电脑(The Network is the Computer)"的概念,并率先开发了瘦客户端和无盘工作站等技术。2006 年 3 月,亚马逊(Amazon)推出弹性计算云(Elastic Compute Cloud,EC2)服务。

2006 年 8 月 9 日,Google 首席执行官埃里克·施密特在搜索引擎大会上首次提出云计算的概念。Google 的云端计算的概念源于 Google 工程师克里斯托弗·比希利亚所做的"Google 101"项目。

2007 年 10 月,Google 与 IBM 开始在美国部分大学内(包括卡内基·梅隆大学、麻省理工学院、斯坦福大学、加州大学伯克利分校及马里兰大学等)推广云计算的计划。这项计划希望能降低分布式计算技术在学术研究方面的成本,并为这些大学提供相关的软、硬件设备及技术支持(包括数百台个人电脑及 Blade Center 与 System x 服务器,这些计算平台将提供 1600 个处理器,Linux、Xen、Hadoop 等开放源代码平台)。而学生则可以通过网络开发各项以大规模计算为基础的研究计划。

2008 年 1 月 30 日,Google 宣布在中国台湾启动"云计算学术"计划,将这种先进的、大规模的云计算技术推广到校园。

2008 年 2 月 1 日,IBM 宣布将在中国无锡太湖新城科教产业园为中国的软件公司建立全球第一个云计算中心。

2008 年 7 月 29 日,雅虎、惠普和英特尔宣布一项涵盖美国、德国和新加坡的联合研究计划,目的是推出云计算研究测试平台,并推进云计算。该计划要与合作伙伴创建 6 个数据中心,并将这些数据中心作为研究试验平台,每个数据中心均配置 1400 ~ 4000 个处理器。这些合作伙伴包括新加坡资讯通信发展管理局、德国卡尔斯鲁厄大学 Steinbuch 计算中心、美国伊利诺伊大学香槟分校、英特尔研究院、惠普实验室和雅虎。

2008年8月3日，美国专利商标局网站信息显示，戴尔申请了"云计算"（Cloud Computing）商标，此举旨在加强对这一未来可能重塑技术架构的术语的控制权。

2010年3月5日，Novell与云安全联盟（CSA）共同宣布一项供应商中立计划，名为"可信任云计算计划（Trusted Cloud Initiative）"。

2010年7月，美国国家航空航天局和Rackspace、AMD、Intel、戴尔等支持厂商共同宣布"OpenStack"开放源代码计划，微软在2010年10月表示支持OpenStack与Windows Server 2008 R2的集成；而Ubuntu已把OpenStack加至11.04版本中。

2011年2月，思科的系统正式加入OpenStack，重点研制开发OpenStack的网络服务。

1.3 为什么会出现云计算

云计算的出现是电子商务、互联网和虚拟化技术发展的必然结果。2006年，亚马逊最早提出了弹性计算云（EC2）服务，提出这项服务的原因包括以下三种。

（1）互联网企业有大量闲置的服务器资源。

（2）互联网和IT产业有租赁服务器的需求。

（3）虚拟化等技术的发展。

对电子商务公司而言，为了应对峰值流量，需要建立规模庞大的数据中心。如淘宝的双十一、亚马逊的黑色星期五、年中会员日等都有远超平常的流量。以淘宝的双十一购物狂欢节为例，2017年11月11日，全天支付总笔数达到14.8亿，全天物流订单达到8.12亿。双十一刚开始的5分22秒内，支付宝的支付峰值达到25.6万笔/秒。双十一当天销售额达到了2539.7亿，而2017年淘宝销售总额为25264亿，也就是说双十一当天的销售额占全年销售额的1/10。若以交易额进行估算，则双十一当天的交易额是平日的40.7倍（2539.7/(25264−2539.7)/364）。为了支持创纪录的高频度超大规模交易，阿里巴巴混合部署了在线计算、离线计算和公有云，可实现1小时内10万台服务器的快速扩容，进而支持双十一的各项业务。但是，在双十一过后，支持这些峰值计算的服务器并不能充分利用，所以电子商务公司（如亚马逊和阿里巴巴）就将一部分服务器通过虚拟化技术整合后租赁出去。

在大规模数据中心中，服务器、电力和运营成本都非常高。云计算公司通过定制硬件和批量采购建立高能效的数据中心，并通过专业的运维团队来降低成本。由于采购量巨大，云计算公司甚至能够和服务器厂商协商，设计生产专用的服务器。服务器在运行时会产生大量的热量，需要用空调降温而空调消耗的电力甚至会超过服务器消耗的电力。数据中心使用能效比（Power usage effectiveness，PUE）表示数据中心的能源使用效率，该参数通过总能耗除以IT设备能耗得到，越接近1表示有效功率越高[①]。谷歌将一些数据中心建立在河边或寒冷地区，目的是利用外界低温进行降温，进而减少空调等辅助设备的能耗。2008年，谷歌的数据中心能效比达到了1.21，该值在当时已经很小了。但是自2015年以后，多项技术使能效比进一步降低。2017年2月，美国超微公司宣称在其搭建的数据中心中，能效比最低达到了1.06。

互联网发展初期就有租赁服务器的需求，但是服务器的租赁、管理和扩展还需要用户自行维护。互联网的高速发展催生了很多创业公司，从共享单车到视频直播，以及各种手游。各种创业公司的用户量完全不可预测，经常随着推广、补贴等导致用户出现指数级增长。创业公司如果搭建自己的数据中心，那么从经济和时间上都不可行。以游戏公司为例，某款游戏在刚上市时，并没有太多人玩，而通过明星代言或电视广告，玩这款游戏的人数迅速增加，这时需要迅速开设更多的服务器。但是过了一段时间，有其他新游戏上市，那么旧游戏的玩家又开始减少。以上过程用户数的变化是非线性的，对于弹性计算的需求更加突出。云计算契合了创业公司的IT需求，即快速部署和扩容、稳定可靠、无须运维、按需付费。市值120亿美元的内容共享协作公司Dropbox提供数据共享存储服务，创始团队不到10个人，从创业开始就使用亚马逊的简单存储服务（Simple Storage Service，S3）提供存储服务。

虚拟化技术是云计算的基石。在虚拟化技术出现前，服务器只能以整机为单位进行租赁。通过虚拟化技术可以将一个物理服务器虚拟化为多个服务器，然后同时提供给多人使用。这种方案不仅向用户提供了灵活的配置方案，而且通过共享物理服务器使服务器的使用效率最大化。1999年，VMware公司提出了虚拟化技术，发展至今他们也提供包括桌面、服务器、数据中心在内的多层次的虚拟化解决方案。2003年，剑桥大学的师生设计并实现了Xen。2009年，红帽公司发布的企业级Linux 5.4版本中增加了KVM（Kernel based Virtual Machine）技术。除虚拟化技术外，云计算需要向用户提供自助的服务管理接口。2010年，Rackspace和美国国家航空航天局携手其他25家公司启动了OpenStack项目，其早期仅支持计算、存储和网络三个核心组件。在过去的几年中，OpenStack一直以每半年一个版本的速度进行更新。

1.4 云计算学习资源

各大公有云计算平台都提供了自己的认证和培训，其中的概念和基本操作都比较类似，有兴趣的读者可以参考以下网址进行学习。

亚马逊的培训和认证：https://www.aws.training/。

阿里云大学：https://edu.aliyun.com/。

腾讯云培训：https://cloud.tencent.com/training。

[①] https://en.wikipedia.org/wiki/Power_usage_effectiveness

开源云计算系统 OpenStack：https://www.openstack.org/。

开源云存储系统 Ceph：https://ceph.com/。

主要的云计算厂商的主页如下：

阿里云：http://www.aliyun.com/。

华为云：https://www.huaweicloud.com/。

腾讯云：https://cloud.tencent.com/。

亚马逊云：https://aws.amazon.com/cn/。

读者还可以参考以下图书学习关于云计算的相关内容。

《云计算：概念、技术与架构》介绍云计算基础、云计算机制、云计算架构以及云计算使用等内容。同时以云计算起源为出发点，介绍云计算领域的基本概念。这本书也给出了一些云计算应用的案例。

《企业迁云实战》是阿里云团队编写的一本介绍如何将企业应用系统迁移到云上的书。其主要内容介绍云上的通用架构设计与改造，包括云上网络架构、运维管理架构、云上安全管理、云上应用架构等。本书中也有一些具体的案例讲解，即如何将业务迁移到云上。

《AWS 云计算实战》介绍 AWS 的基本概念，讲解了如何搭建服务器和网络基础设施，以及如何存取数据。本书的后面部分讨论了在 AWS 上如何设计架构，了解实现高可用性、高容错率和高扩展性的系统及应用。

第 2 章 公有云服务器配置实验（阿里云）

公有云实验

2.1 实验准备

一、实验时间
小于 120 分钟。

二、实验目标
完成本次实验后，将掌握以下内容。
- 了解阿里云服务的配置和使用方法。
- 使用云服务器搭建一个 Web 服务器。
- 管理和维护 Web 服务器。

三、术语缩写
- ECS：Elastic Compute Service，云服务器。
- CDN：Content Delivery Network，内容分发网络。
- SSH：Secure Shell，安全终端协议。
- HTTP：Hyper Text Transfer Protocol，超文本传输协议。
- IP 地址：Internet Protocol Address，互联网协议地址。

四、预备知识
在开始实验前，需要具备以下预备知识。
- 对 Linux 系统有初步的了解，了解安装包、编辑命令 vi 等。
- 理解 HTTP、SSH 等协议。
- 了解如何安装支持 SSH 协议的终端。

五、准备工作
安装 Xshell。Xshell 是一款功能强大的安全终端模拟软件，它支持 SSH1、SSH2 及 Telnet 协议。

Xshell 通过互联网建立到远程主机的安全连接，在本实验中利用 Xshell 连接在实验中申请的阿里云主机。

Xshell 可以在 Windows 界面下访问远端不同系统中的服务器，进而达到远程使用服务器的目的。用户可从互联网上（官网：https://www.netsarang.com/products/）自行下载和安装该软件，其使用方法参考百度经验（https://jingyan.baidu.com/article/d169e1860ef88c436611d80f.html）。

2.2 实验 1：创建云主机

在此以阿里云为例，介绍如何创建云主机。在使用阿里云产品前，需要注册阿里云的账户。用户输入用户名、密码和手机号即可注册成功。阿里云提供的服务较多，包括弹性计算、大规模计算、数据库、存储与 CDN 及应用服务等，阿里云产品界面如图 2-1 所示。

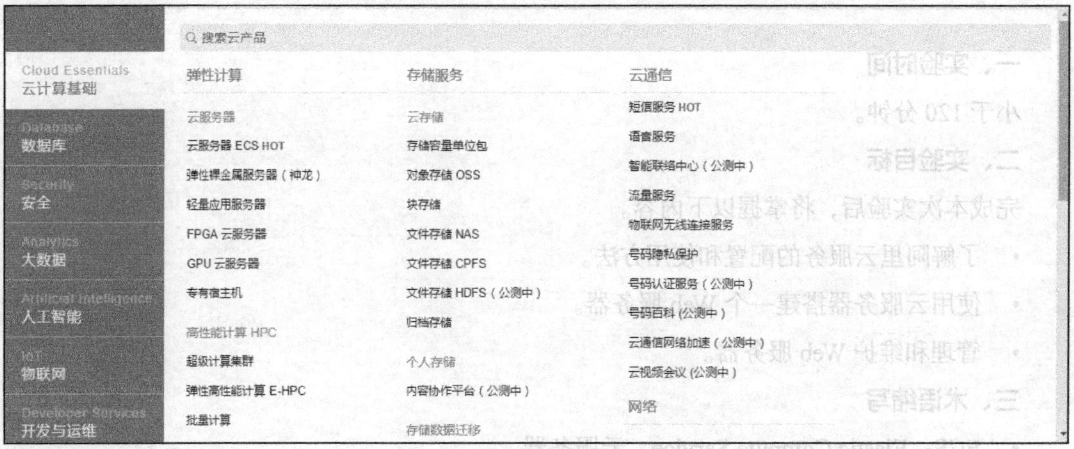

图 2-1 阿里云产品界面

2.2.1 创建云主机

本次实验创建云主机，单击"立即购买"按钮后，可看到三个选项：包年包月、按量付费和抢占式实例。

实验过程中需要注意以下三点。

（1）该实验不需要太长时间，故要选择按量付费方式。按量付费方式有时需要账户余额大于 100 元，用户可以使用支付宝进行充值，实验完成后办理立即退款即可。

（2）因为阿里云计费周期是以整点为单位的，所以在创建和停止云主机时要注意起止时间。例如，下午 2 点 02 分启动云主机，下午 2 点 58 分停止云主机，则需要支付一个小时的费用。若下午 1 点 58 分启动云主机，下午 3 点 02 分停止云主机，则需要支付三个小时的费用。停止云主机需要短信确认，在收到短信后才能停止，故需要预留接收短信的时间。

（3）创建云主机时，其名称要便于区分，如可以包含用户自己名字的简写。

创建云主机界面如图 2-2 所示。

图 2-2　创建云主机界面

图 2-2 的基本配置中地区选择价格较低的区域（本例中为华北（青岛）），镜像类型选择公共镜像，操作系统选择 Ubuntu 16.04 64 位操作系统。

在网络和安全组配置中，需要设置密码，该密码中要有大小写英文字母和数字，还需要设置实例名称，为了区分不同的实例，需要修改实例名称。图 2-3 为网络和安全组配置界面，注意，在公网 IP 中选择分配公网 IP 地址，在安全组中选择 HTTP 80 端口。图 2-4 为设置云主机密码界面。

图 2-3　网络和安全组配置界面

将以上内容设置完毕后，单击"确认订单"按钮，弹出如图 2-5 所示的订单内容。

使用管理控制台可以查看当前运行的实例及其位置，如图 2-6 所示。

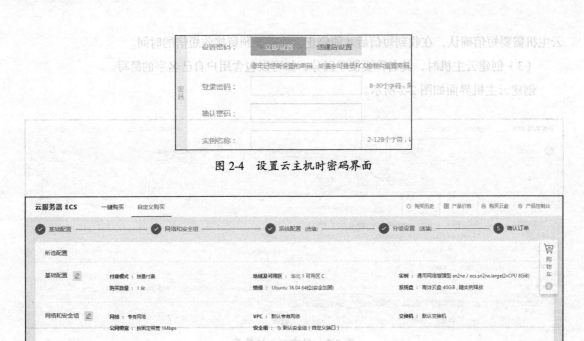

图 2-4　设置云主机时密码界面

图 2-5　订单内容

图 2-6　实例列表

单击"更多"选项，可查看更多操作，如图 2-7 所示。

图 2-7　查看更多操作

单击"管理"选项，可查看云主机的状态。如图 2-8 所示。

第 2 章 | 公有云服务器配置实验（阿里云）

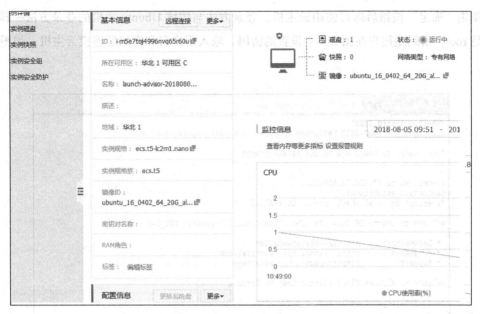

图 2-8 查看云主机的状态

从图 2-8 中可以看出，云主机的运行状态为"运行中"，公网 IP 地址为 47.104.23.126。因为没有配置服务，所以网络（外网）中没有数据。

2.2.2 连接云主机的两种方法

第一种方法是使用 Xshell 连接云主机，单击"新建"选项，在"新建会话 (25) 属性"对话框中输入公网 IP 地址和 SSH 协议，如图 2-9 所示。

图 2-9 "新建会话 (25) 属性"对话框

单击"确定"按钮后即可使用云主机，登录方法与传统 Ubuntu 主机的登录方法一样，用户名是 root，密码是用户在图 2-4 中设置的密码。输入用户名和密码后连接云主机，如图 2-10 所示。

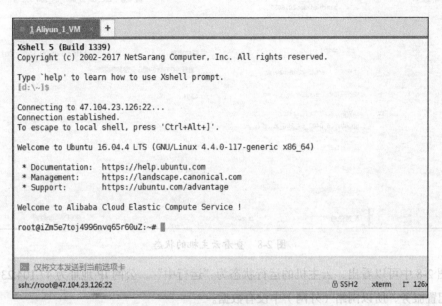

图 2-10 使用 Xshell 连接云主机

第二种方法是使用管理终端连接云主机。在实例详细信息页，单击"远程连接"按钮，此时会提示用户记录管理终端远程连接密码，如图 2-11 所示。

图 2-11 显示终端远程连接密码界面

该方法可使用浏览器直接操作云主机，输入用户名和密码后即可连接云主机，如图 2-12 所示。

图 2-12 使用管理终端远程连接云主机界面

2.3 实验 2：在云主机上搭建 Web 服务

2.3.1 安装 Apache2

当用户在浏览器中直接输入云主机 IP 地址时，会出现"无法访问此网站"界面，如图 2-13 所示。

图 2-13 无法访问此网站界面

用户通过 Xshell 连接云主机后，再使用 apt-get update 命令和 apt-get install apache2 命令安装 Apache2，相关命令如下。命令输入完成后，在浏览器中输入 http:// 云主机公网 IP 地址，即可看到 Apache2 默认页面，如图 2-14 所示。

```
root@iZ28cnedlvtZ: ~# apt-get update
root@iZ28cnedlvtZ: ~# apt-get install apache2
```

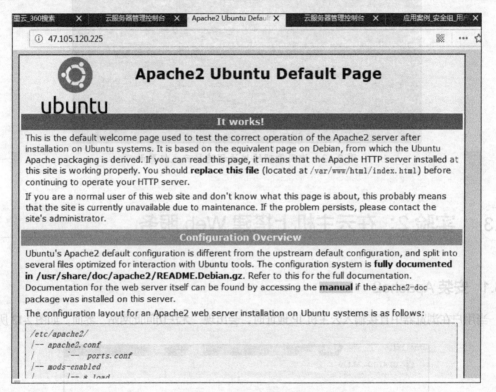

图 2-14　Apache2 默认页面

2.3.2　修改 Web 显示的内容

Apache2 默认的主页位于 /var/www/html，文件名为 index.html，修改该文件并刷新页面（将 It works！修改为 I can do it！），得到如图 2-15 所示的内容。当然，也可以替换整个 index.html 文件，刷新页面后也会出现新的内容，相关命令如下。

```
root@iZ28cnedlvtZ:/var# cd www/html
root@iZ28cnedlvtZ:/var/www/html# ls
index.html
root@iZ28cnedlvtZ:/var/www/html # vi index.html
```

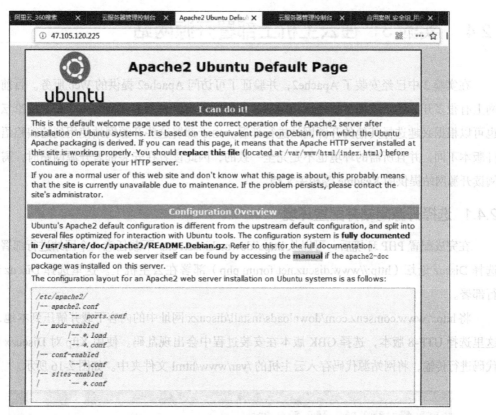

图 2-15　修改 Apache2 默认界面的内容

2.3.3　查看连接请求

Apache2 的访问日志位于 /var/log/apache2，文件名为 access.log，相关命令如下。

```
root@iZ28cnedlvtZ:/var/log# cd apache2/
root@iZ28cnedlvtZ:/var/log/apache2# ls
access.log  error.log  other_vhosts_access.log
root@iZ28cnedlvtZ:/var/log/apache2# cat access.log
61.150.43.52 - - [09/Mar/2015:16:49:53 +0800] "GET / HTTP/1.1" 200 483
"-" "Mozilla/5.0(Windows NT 6.1;WOW64)AppleWebKit/537.36(KHTML,like Gecko)
Chrome/41.0.2272.76 Safari/537.36"
61.150.43.52 - - [09/Mar/2015:16:49:53 +0800] "GET /favicon.ico HTTP/1.1"
404 502 "-" "Mozilla/5.0(Windows NT 6.1;WOW64)AppleWebKit/537.36(KHTML,like
Gecko)Chrome/41.0.2272.76 Safari/537.36"
61.150.43.52 - - [09/Mar/2015:16:54:40 +0800] "GET / HTTP/1.1" 200 500
"-" "Mozilla/5.0(Windows NT 6.1;WOW64)AppleWebKit/537.36(KHTML,like Gecko)
Chrome/41.0.2272.76 Safari/537.36"
root@iZ28cnedlvtZ:/var/log/apache2#
```

从以上内容可以看到用户两次访问的 IP 地址 61.150.43.52 和所用浏览器（Chrome/41.0.2272.76）。

2.4 实验 3：在云主机上部署开源网站

在实验 2 中已经安装了 Apache2，并验证了可访问 Apache2 提供的 Web 服务。目前，互联网上有很多开源的个人博客、论坛和网站等资源，本实验演示如何部署一个开源的论坛。读者也可以根据兴趣选择其他的开源网站进行部署。由于部署这些开源网站使用到的编程语言和软件版本不同，并且所需的环境也不是完全一致的，因此读者在安装部署开源网站时，需要认真阅读开源网站提供的 Readme 等相关文档。

2.4.1 选择开源网站并配置环境

在完成配置 PHP 环境后，可以从 http://down.chinaz.com/ 下载任意一个网站进行部署，或者选择 Discuz 论坛（http://www.discuz.net/forum.php）部署在云主机上。这里选择 Discuz 论坛进行部署。

将 http://www.comsenz.com/downloads/install/discuzx 网址中的内容下载并解压到本地，注意，这里选择 UTF-8 版本，选择 GBK 版本在安装过程中会出现乱码。使用 Xftp 对 Discuzx 论坛源代码进行传输，将网站源代码存入云主机的 /var/www/html 文件夹中。如图 2-16 所示。

图 2-16　上传 Discuz 论坛源代码

安装 MySQL 数据库和 PHP。利用 apt-get install mysql-server 命令安装 MySQL 数据库。界面提示要求输入数据库密码，输入密码后单击"确定"按钮即可。利用 apt-get install php libapache2-mod-php 命令安装 PHP，注意需要安装最新版本。相关代码如下。

```
root@iZ28cnedlvtZ: apt-get install mysql-server
root@iZ28cnedlvtZ: apt-get install php libapache2-mod-php
```

云主机中的 Discuz 论坛源代码如图 2-17 所示。

```
root@iZm5ef8e7wo9flve0ja8b6Z:/var/www/html# ls
admin.php   config.php   hook        include   install   robots.txt   安装升级说明.txt
common.php  data         httpd.ini   index.php module    template
```

图 2-17　云主机中的 Discuz 论坛源代码

2.4.2　修改 PHP 版本（根据部署的网站类型确定）

由于不同的网站要求的 PHP 环境是不同的，而用户之前操作 apt-get install apache2 命令时，由于默认安装的 PHP 版本是 PHP 7.0，因此需要用户根据网站的要求做相应调整。而本实验中创建 Discuz 论坛需要 PHP5.6 环境，因此需要卸载云主机上的 PHP 7.0，再重新安装 PHP 5.6，相关操作可以参考在线文档（https://www.ouyv.com/?p=131）。

相关具体步骤如下。

（1）安装 aptiude，相关命令如下。

```
root@iZ28cnedlvtZ: apt-get install aptitude
```

（2）检索并卸载 PHP 现有版本，相关命令如下。

```
root@iZ28cnedlvtZ: aptitude purge 'dpkg -l | grep php| awk'{print $2}' |tr"\n" " "'
```

（3）添加支持 PHP5.6 源文件，相关命令如下。

```
root@iZ28cnedlvtZ: add-apt-repository ppa:ondrej/php
```

若以下位置提示报错：

```
The program 'add-apt-repository' is currently not installed. you can install
it by typing: apt install software-properties-common
```

则需要根据提示，先运行 apt install software-properties-common 安装相应组件，再运行 add-apt-repository ppa：ondrej/php。

```
root@iZ28cnedlvtZ: add-apt-repository ppa:ondrej/php
```

（4）更新 Ubuntu，相关命令如下。

```
root@iZ28cnedlvtZ: apt-get update
```

（5）安装 PHP 5.6 及常用组件，相关命令如下。

```
root@iZ28cnedlvtZ: apt-get install php5.6
root@iZ28cnedlvtZ: apt-get install php5.6-gd
root@iZ28cnedlvtZ: apt-get install php5.6-mysql
root@iZ28cnedlvtZ: apt-get install php5.6-mbstring
root@iZ28cnedlvtZ: apt-get install php5.6-zip
root@iZ28cnedlvtZ: apt-get install php5.6-xml
```

然后在网站安装包所在的文件夹内，安装数据库管理工具 phpmyadmin，相关命令如下。

```
root@iZ28cnedlvtZ /var/www/html# sudo apt-get install phpmyadmin
root@iZ28cnedlvtZ /var/www/html# ln -s /usr/share/phpmyadmin phpmyadmin
```

完成修改 PHP 环境后，根据配置网站的不同，还需要查看其安装说明，如 Discuz 论坛的配置文档要求修改文件夹的权限，图 2-18 为 Discuz 论坛的配置文档说明。

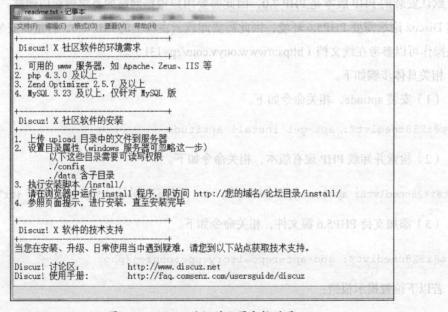

图 2-18　Discuz 论坛的配置文档说明

修改文件夹权限的命令如下。

```
root@iZ28cnedlvtZ /var/www/html#  chmod  -R 777 data
root@iZ28cnedlvtZ /var/www/html#  chmod  -R 777 config
root@iZ28cnedlvtZ /var/www/html#  chmod-R 777 uc_server
root@iZ28cnedlvtZ /var/www/html#  chmod-R 777 uc_client
```

2.4.3　根据提示部署网站

在完成以上部署后，根据所要部署的网站要求开始进行操作。对 Discuz 论坛而言，需要连接 http:// 公网 IP/install/，然后根据向导进行下一步的配置，如图 2-19 所示。

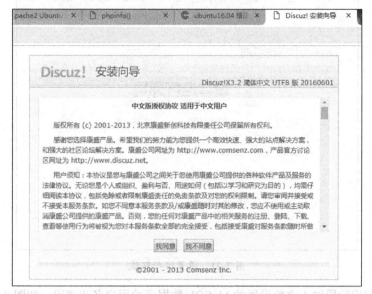

图 2-19　Discuz 安装向导

然后对 Discuz 论坛的安装环境进行检查，如图 2-20 所示。

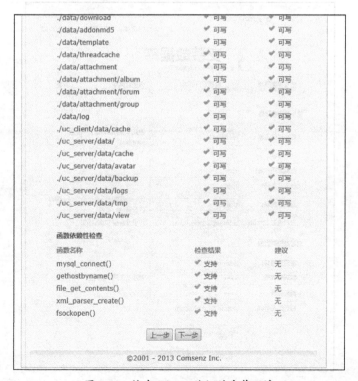

图 2-20　检查 Discuz 论坛的安装环境

安装环境检查完毕后，设置运行环境，如图 2-21 所示。

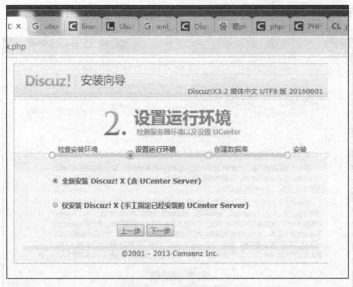

图 2-21 设置运行环境

在安装数据库阶段输入之前设置的 MySQL 数据库的用户名和密码,如图 2-22 所示,并完成相关配置。

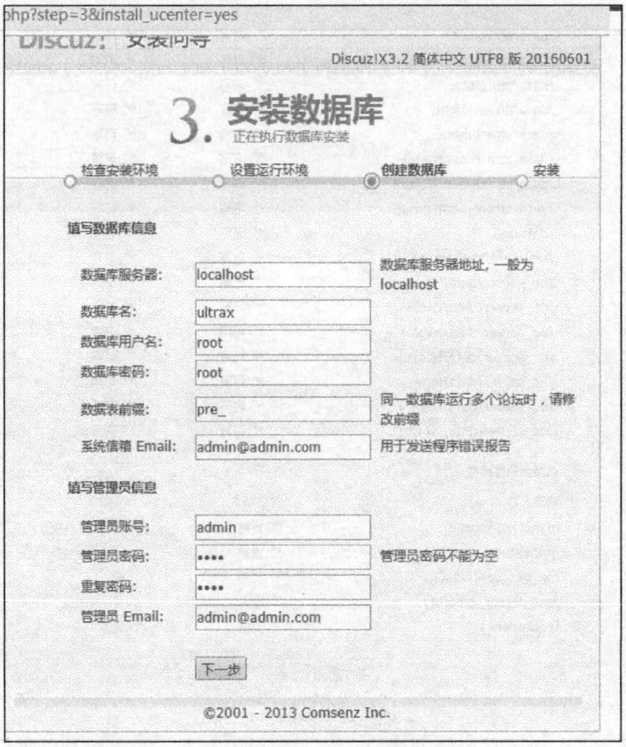

图 2-22 安装数据库

Discuz 完成安装后会出现如图 2-23 所示的界面。

图 2-23　Discuz 完成安装后的界面

单击"完成"按钮，即完成了本次实验。图 2-24 为配置好的 Discuz 论坛界面。

图 2-24　配置好的 Discuz 论坛界面

2.5 思考题

1. 云主机搭建服务器与传统购买的 IDC 服务器托管有什么区别？
2. 如何提高云主机的安全性？
3. 评估租用独立服务器运行一个小型网站（www.yuntou.com.cn）一年的运营成本。要求估算成本中出现的价格都要有出处，包括人力、域名、电力等。
4. 测试搭建的服务器能支持的并发用户数。提示：可使用 loadrunner、apache 的 ab 或 webbench 等工具。

第 3 章 公有云网络和安全配置实验（阿里云）

3.1 实验准备

一、实验时间

小于 120 分钟。

二、实验目标

完成本次实验后，将掌握以下内容。

- 了解阿里 VPC 服务的配置和使用方法。
- 使用 VPC 服务创建一个私有云网络。
- 为不同的云主机创建安全组。

三、预备知识

在开始实验前，需要掌握以下内容。

- 对 Linux 系统有初步的了解，理解安装包、编辑命令 vi 等。
- 理解 HTTP、SSH 等协议。
- 安装支持 SSH 协议的终端。

四、术语缩写

- VPC：Virtual Private Cloud，虚拟私有云（专有网络）。
- VPN：Virtual Private Network，虚拟专用网络。
- ECS：Elastic Compute Service，云服务器。
- RDS：Relational Database Service，阿里云关系型数据库。
- SLB：Server Load Balancer，负载均衡。
- NAT：Network Address Translation，网络地址转换。
- CIDR：Classless Inter-Domain Routing，无类别域间路由。

- DNAT：Destination Network Address Translation，目的地址转换。
- SNAT：Source Network Address Translation，源地址转换。
- IP：Internet Protocol，互联网协议。
- PING：Packet Internet or Inter-Network Groper，因特网包探索器。
- TCP：Transmission Control Protocol，传输控制协议。
- ICMP：Internet Control Message Protocol Internet，控制报文协议。
- DNS：Domain Name System，域名系统。

五、准备工作

在进行实验前，需要先安装 Xshell。

六、基础知识

专有网络的 VPC 是云计算环境下的云上私有网络。用户可以完全掌控自己的专有网络，例如，选择 IP 地址范围、配置路由表和网关等，用户可以在自己定义的专有网络中使用云计算资源（如 ECS、RDS、SLB 等）。一般不能通过广域网直接访问存储在专有网络中的云计算资源，这样具有较高的安全性。通过将专有网络连接到其他专有网络或本地网络，可实现按需定制的网络环境，如图 3-1 所示。

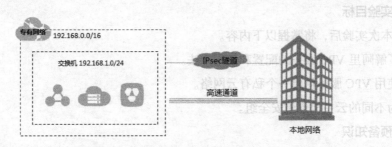

图 3-1　专有网络与本地网络连接

每个 VPC 都由一个私网网段、一个路由器和至少一个交换机组成。

（1）私网网段：在创建专有网络和交换机时，需要以 CIDR 地址块的形式指定专有网络使用的私网网段。CIDR 对原来用于分配 A 类、B 类和 C 类地址的有类别路由选择进程进行了重新构建。CIDR 用 13～27 位的前缀取代了原来地址结构对地址网络部分的限制（3 类地址的网络部分分别被限制为 8 位、16 位和 24 位）。在管理员有权分配的地址块中，主机数量范围是 32～500 000 台，这样能更好地满足主机对地址的特殊需求。

CIDR 地址中包含标准的 32 位 IP 地址和有关网络前缀位数的信息。以 CIDR 地址 222.80.18.18/25 为例，其中"/25"表示其地址中的前 25 位代表网络部分，其余位代表主机部分。

IPv4 的地址根据网络部分长度不同可分为 A、B、C 三类（见表 3-1）。在这三类地址中，绝大多数都是公有地址，需要向国际互联网信息中心申请注册。但是在 IPv4 中预留了三个 IP 地址段作为私有地址，供不同规模的组织内部使用。

表 3-1 常见的网络地址

网络类别	地址范围	CIDR 表示网段	可用私网 IP 数量
A 类	10.0.0.0 ～ 10.255.255.255	10.0.0.0/8	16 777 212
B 类	172.16.0.0 ～ 172.31.255.255	172.16.0.0/12	1 048 572
C 类	192.168.0.0 ～ 192.168.255.255	192.168.0.0/16	65 532

创建的私有网络中,每个云计算资源都会分到一个私网网段的地址,用户连入私有网络后才可以访问这些资源。

(2)路由器:路由器(Router)是专有网络的枢纽。作为专有网络中重要的功能组件,它可以连接 VPC 内的各个交换机,同时也是连接 VPC 和其他网络的网关设备。每个专有网络创建成功后,系统都会自动创建一个路由器,每个路由器都关联一个路由表。路由器根据路由表在不同的网络间进行寻址和网络路由。

(3)交换机:交换机(Switch)是组成专有网络的基础网络设备,用来连接不同的云产品实例。创建专有网络后,用户可以通过创建交换机为专有网络划分一个或多个子网。同一个专有网络内的不同交换机之间内网互通。一个交换机为同一个子网内资源分配地址,不同子网间需要通过路由器进行连接和访问。

NAT 网关的作用是在 VPC 环境下构建一个公网流量的出、入口,通过自定义 SNAT 和 DNAT 规则灵活地使用网络资源,支持多个 IP 地址,支持共享公网带宽。

当 VPC 中有众多 ECS 需要访问公网时,需要针对每个 ECS 购买公网带宽,或每个 ECS 都配置一个 EIP,这在配置和对账管理上都比较麻烦。NAT 网关就是用来解决这个问题的,可以把 NAT 网关想象成家中的路由器,无论是计算机、手机、平板电脑、电视或任何需要连接网络的设备,只要连到路由器上,就可以通过路由器访问公网,这就是 NAT 网关里面的 SNAT 功能。

NAT 网关可以让多台 ECS 同时具有访问公网和被公网访问的能力,但没有流量分发、负载均衡的能力。

关于 VPC 和网络相关的概念可参考计算机网络相关书籍或阿里云相关网页(https://cn.aliyun.com/product/vpc)。

3.2 实验 1:创建和使用专有网络

恶意用户会扫描广域网上的 Web 服务器,查看正常用户打开了哪些端口并试图进行攻击。攻击方法包括暴力破解密码和 SQL 注入等。操作系统和软件中的各种漏洞也可能成为黑客攻击的手段。本实验将创建一个专有网络和两个 ECS 实例,将 Web 服务器和数据库服务器存放在专有网络中，并设置安全组以减少黑客的攻击。按需创建一个单独的管理实例，在需要对 Web 服务器和数据库服务器进行维护时，启动并通过该实例访问 Web 服务器。本实验中需要用到的 VPC 与三个实例的关系如图 3-2 所示。

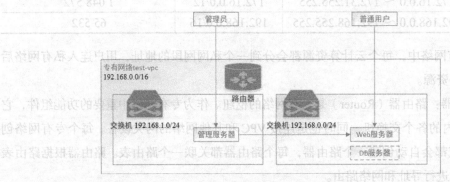

图 3-2 VPC 与三个实例的关系

专有网络的网段为 192.168.1.0/16，两个子网分别为 192.168.1.0/24 和 192.168.0.0/24。Web 服务器在其中一个子网中，可以与数据库服务器在同一个子网中。管理服务器通过路由器访问 Web 服务器。本实验的安全设置是通过公网只能访问 Web 服务器的 80 端口，即普通用户只能浏览网页。而通过专有网络的 IP 地址可使用 SSH 服务，即通过管理服务器可登录 Web 服务器。管理员可以先登录管理服务器，然后再登录 Web 服务器。在附加实验中，通过部署 VPN 服务，管理员可获得专有网络相同的 IP 地址，然后可直接连接 Web 服务器。为了简化实验，本实验中并不实际安装独立的数据库服务器，读者可自行配置。

3.2.1 创建专有网络

在阿里云的产品与服务中选择专有网络 VPC，如图 3-3 所示。

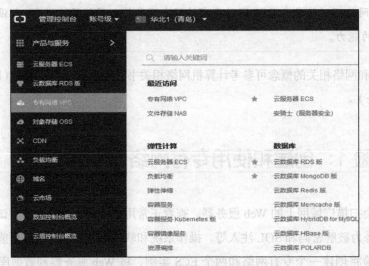

图 3-3 阿里云专有网络 VPC

在管理控制台处选择云服务区域,选择后会显示有一个默认的专有网络,可以直接忽略。单击"创建专有网络"选项,在弹出的对话框中输入网络名称和交换机名称。这里输入的网络名称为 test-vpc,目标网段的 IP 地址是 192.168.0.0/16。两个交换机分别为 switch1 和 switch2,对应的 IP 地址分别为 192.168.0.0/24 和 192.168.1.0/24,如图 3-4 所示。

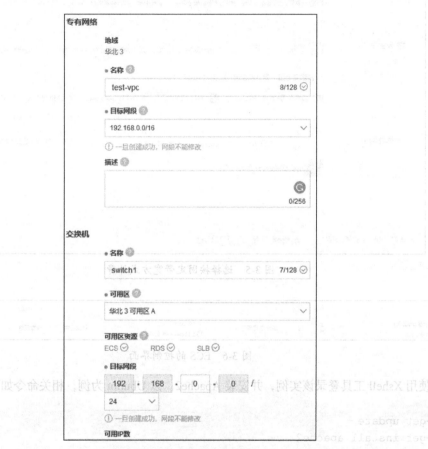

图 3-4　专有网络配置

单击"确认"按钮后,即创建完成专有网络,通过单击"专有网络详情"选项查看基础云资源、交换机及路由表等资源。

3.2.2　创建 Web 服务云主机

按照第 2.2 节中实验的设置方法创建云主机。在选择网络时,需要先选择专有网络,然后设置分配公网 IP 地址,并选择开通协议端口或 HTTP 80 端口。在公网带宽计费方式中,选择按固定带宽方式计费,该计费方式对本实验而言成本更低,如图 3-5 所示。

实例创建完成后返回 ECS 的控制界面,如图 3-6 所示,在该界面可看到已创建的 ECS 实例信息。此处公网 IP 地址为 39.98.55.67,私有网络 IP 地址为 192.168.0.144。这里私有网络的 IP 地址和 ECS 创建时指定的专有网络及交换机的网段一致。

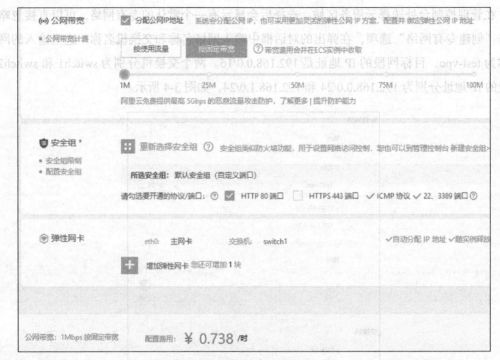

图 3-5 选择按固定带宽方式计费

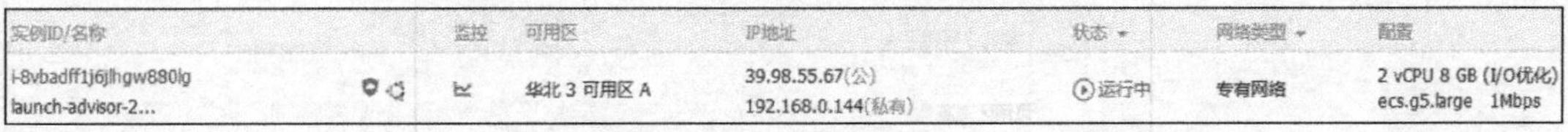

图 3-6 ECS 的控制界面

使用 Xshell 工具登录该实例，并安装 Apache2。以 Ubuntu 为例，相关命令如下。

```
apt-get update
apt-get install apache2
```

Apache2 安装完成后可打开浏览器，输入对应的公网 IP 地址，可查看 Apache2 的初始页面。

3.2.3 创建管理云主机

创建一个用于管理 Web 服务器的云主机。在选择网络时，选择"switch2"选项，如图 3-7 所示。实例创建完成后，在 ECS 的实例列表中可以看到两个实例的信息，如图 3-8 所示。此处新创建实例的私有 IP 地址是 192.168.1.245，与 Web 服务器不在同一个网段中。使用 Xshell 连接到新创建的实例中，使用 ping 命令可以测试两个网络的连通性，相关命令如下。

```
root@iZ8vbhnjs3z2dqhmz068v3Z:~# ping 192.168.0.144
ping 192.168.0.144(192.168.0.144)56(84)bytes of data.
64 bytes from 192.168.0.144: icmp_seq=1 ttl=64 time=0.167 ms
64 bytes from 192.168.0.144: icmp_seq=2 ttl=64 time=0.129 ms
```

第 3 章 | 公有云网络和安全配置实验（阿里云）

图 3-7 创建用于管理 Web 服务器的云主机

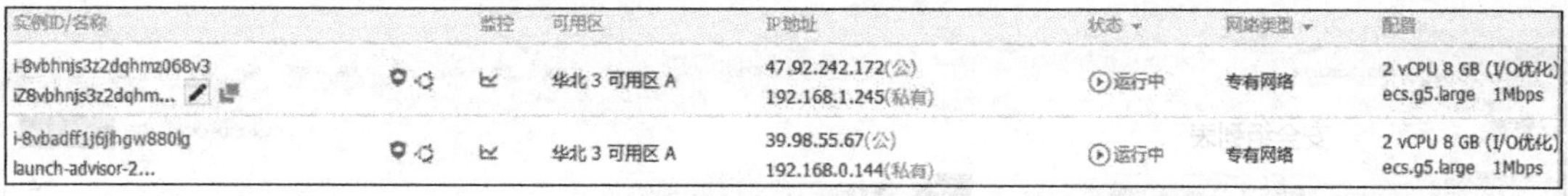

图 3-8 两个实例的信息

再使用以下 ssh 命令分别通过公网 IP 地址 39.98.55.67 和私有 IP 地址 192.168.0.144 连接 Web 服务器。

```
root@iZ8vbhnjs3z2dqhmz068v3Z:~# ssh 192.168.0.144
The authenticity of host '192.168.0.144(192.168.0.144)' can't be established.
ECDSA key fingerprint is SHA256:h8yfJAGXX8Ouc515PLdy3js8Mg3NJ/Dum67BhhY7VhU.
Are you sure you want to continue connecting(yes/no)?yes
Warning: Permanently added '192.168.0.144' (ECDSA)to the list of known
hosts.
root@192.168.0.144's password:
Welcome to Ubuntu 16.04.4 LTS(GNU/Linux 4.4.0-117-generic x86_64)
…
```

3.2.4 创建安全组

为了加强 Web 服务器的安全性，在此创建一个新的安全组。在 ECS 的左侧菜单列表中有"网络和安全"的"安全组"子菜单，如图 3-9 所示。

图 3-9 "网络和安全"的"安全组"子菜单

单击"安全组"子菜单后出现目前已有的安全组列表，图 3-10 为当前两个实例的安全组列表。

图 3-10 当前两个实例的安全组列表

从图 3-10 中可以看到第一个安全组有两个实例，单击相关实例中的"2"选项，即可看到这两个实例就是刚才创建的 Web 服务器和管理实例。单击该安全组的配置规则菜单，可以查看当前两个实例对应的安全组，如图 3-11 所示。

入方向	出方向						
授权策略	协议类型	端口范围	授权类型	授权对象	描述		优先级
允许	自定义 TCP	22/22	地址段访问	0.0.0.0/0	System created rule.		110
允许	自定义 TCP	3389/3389	地址段访问	0.0.0.0/0	System created rule.		110
允许	自定义 TCP	80/80	地址段访问	0.0.0.0/0	System created rule.		110
允许	全部 ICMP	-1/-1	地址段访问	0.0.0.0/0	System created rule.		110

图 3-11　当前两个实例对应的安全组

入方向是指从外部访问对应的实例；出方向是指从实例内部可以访问哪些外部地址。一般来说，出方向没有规则限制，而入方向有 4 个规则，分别对应了三个 TCP 协议和一个 ICMP 协议。ICMP 协议用于响应 ping 命令；三个 TCP 协议分别对应 Linux 系统的 SSH 服务（22 端口）、Windows 远程桌面服务（3389 端口）和 Web 服务（80 端口）。其授权对象为 0.0.0.0/0，标志着所有的 IP 地址都可以访问其对应的实例。

对本实验中的 Web 服务器而言，并不需要所有 IP 地址都能访问 22 端口。另一方面，由于该服务器是 Linux 服务器，因此并不需要打开 3389 端口。

单击"创建安全组"按钮，弹出如图 3-12 所示的页面。在弹出的页面中将安全组的名称修改为 sg-public-web，并选择专有网络为 test-vpc。

图 3-12　"创建安全组"页面

安全组创建完成后，可以在安全组列表中看到三个安全组，如图 3-13 所示。

图 3-13 安全组创建完成后三个新的安全组列表

单击"sg-public-web"安全组,修改自定义 TCP 对应的 22 端口规则。单击"修改"按钮后,修改授权对象为 192.168.0.0/16,该 IP 地址是 test-vpc 专有网络的地址。另外,只有在 test-vpc 网络中的主机才能通过 SSH 访问该服务器。

在云服务器列表中,单击 Web 服务器对应实例后的"更多"选项,选择"网络和安全组\安全组"配置菜单。将该实例加入新创建的安全组 sg-public-web 中,并删除原有的安全组。修改完成后的安全组列表如图 3-14 所示。

图 3-14 修改完成后的安全组列表

因为该实例中只加入了一个安全组,所以该实例对应的内网入方向全部规则与安全组规则一致,图 3-15 为内网入方向全部规则。

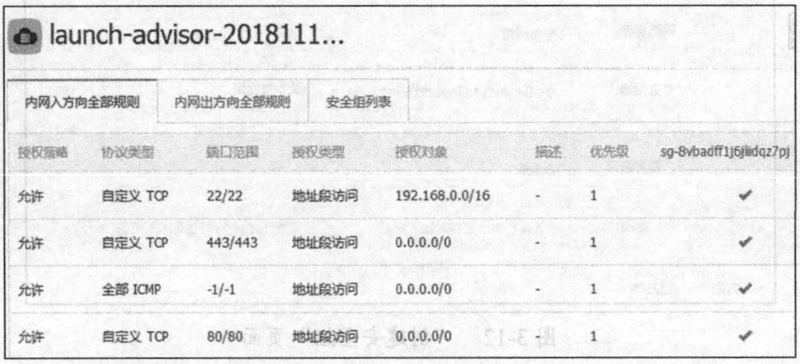

图 3-15 内网入方向全部规则

以上设置完成后，该 Web 服务器实例只能通过 test-vpc 中的主机进行访问。使用 Xshell 登录管理实例，利用 ssh 命令分别访问 Web 服务器的公有 IP 地址和私有 IP 地址，可以发现只能访问私有 IP 地址，而无法访问公有 IP 地址。

备注：若 ssh 47.105.71.198 也可以访问，则需要删除安全组中 TCP 22 端口中的 0.0.0.0/0，相关命令如下。

```
root@iZ8vbhnjs3z2dqhmz068v3Z:~# ssh 192.168.0.144
root@192.168.0.144's password:
Welcome to Ubuntu 16.04.4 LTS(GNU/Linux 4.4.0-117-generic x86_64)
….
root@iZ8vbhnjs3z2dqhmz068v3Z:~# ssh 39.98.55.67
此处无响应
```

图 3-16 是 TCP 22 端口中 0.0.0.0/0 的内网入方向全部规则。

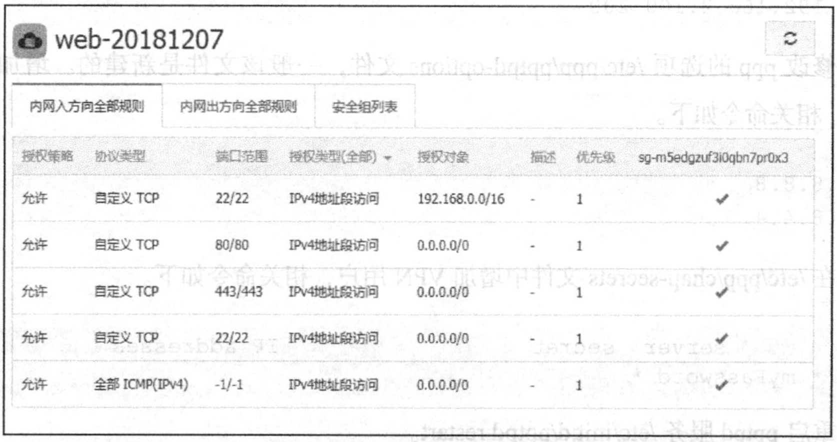

授权策略	协议类型	端口范围	授权类型(全部)	授权对象	描述	优先级	sg-m5edgzuf3i0qbn7pr0x3
允许	自定义 TCP	22/22	IPv4地址段访问	192.168.0.0/16	-	1	✔
允许	自定义 TCP	80/80	IPv4地址段访问	0.0.0.0/0	-	1	✔
允许	自定义 TCP	443/443	IPv4地址段访问	0.0.0.0/0	-	1	✔
允许	自定义 TCP	22/22	IPv4地址段访问	0.0.0.0/0	-	1	✔
允许	全部 ICMP(IPv4)	-1/-1	IPv4地址段访问	0.0.0.0/0	-	1	✔

图 3-16　TCP 22 端口中 0.0.0.0/0 的内网入方向全部规则

注意：通过浏览器访问 Web 服务器的公有 IP 地址和私有 IP 地址均不受影响。

3.3 实验 2：使用 VPN 连接专有网络（可选）

通过 VPN 可以在公网上建立加密的通信，本实验中在建立 VPN 后，可直接访问 VPC 中的各个主机。在 Ubuntu 上搭建 VPN 服务器的方法有很多，比较常见的有 PPTP、L2TP/IPSec 和 OpenVPN。搭建方法可参考以下文档。

（1）L2TP：https://help.ubuntu.com/community/L2TPServer。

（2）PPTP：https://help.ubuntu.com/community/PPTPServer。

（3）OpenVPN：http://openvpn.net（有时无法访问）。

3.3.1 PPTP 代理服务器

（1）安装 pptpd 服务，若是在新建的云服务器上安装该服务，则需要先更新软件，相关命令如下。

```
root@iZ28cnedlvtZ:~# apt-get update
sudo apt-get install pptpd
```

（2）修改 pptpd 的配置文件 /etc/pptpd.conf，增加本地 IP 地址和被分配的 IP 地址。注意：若计算机安装了无线网卡且在 192.168.2.0 网段，则需要重新选一个新的网段，相关命令如下。

```
localip 192.168.2.1
remoteip 192.168.2.100-200
```

（3）修改 ppp 的选项 /etc/ppp/pptpd-options 文件，一般该文件是新建的。增加 Google 的 DNS 服务，相关命令如下。

```
ms-dns 8.8.8.8
ms-dns 8.8.4.4
```

（4）在 /etc/ppp/chap-secrets 文件中增加 VPN 用户，相关命令如下。

```
# client        server   secret              IP addresses
username * myPassword *
```

（5）重启 pptpd 服务 /etc/init.d/pptpd restart。

（6）设置 IP 地址转发，修改 /etc/sysctl.conf，使 sysctl -p 生效，相关命令如下。

```
net.ipv4.ip_forward=1
```

（7）设置防火墙规则，相关命令如下。

```
iptables -t nat -A POSTROUTING -s 192.168.2.0/24 -o eth0 -j MASQUERADE
iptables -A FORWARD -p tcp --syn -s 192.168.2.0/24 -j TCPMSS --set-mss 1356
```

其中的 IP 地址需要与步骤（2）中的 IP 地址一致，若需要系统启动后仍能使用该 IP 地址，则需要将对应语句写到 /etc/rc.local 中。

3.3.2 修改安全组

（1）利用命令 reboot 重启云主机，相关命令如下。

```
root@iZ28cnedlvtZ:~# reboot
```

（2）打开 pptpd 服务，查看其信息，相关命令如下。

```
root@iZ28cnedlvtZ:~# pptpd
root@iZ28cnedlvtZ:~# ps-ef |grep pptp
```

（3）使用 netstat 命令查看端口号为 1723，相关命令如下。

```
root@iZ28cnedlvtZ:~# netstat-anp|grep 1723
```

（4）使用 #telnet 127.0.0.1 1723 测试连接，发现该连接处于监听状态，相关命令如下。

```
root@iZ28cnedlvtZ:~# telnet 127.0.0.1 1723
```

再利用本地连接访问阿里云服务器 1723 端口，显示无法访问，如图 3-17 所示。这是因为安全组没有配置 1723 端口。

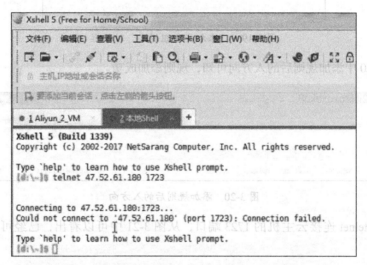

图 3-17　利用本地连接访问阿里云服务器 1723 端口

此时，需要设置安全组规则才能连接到 1723 端口，如图 3-18 所示。

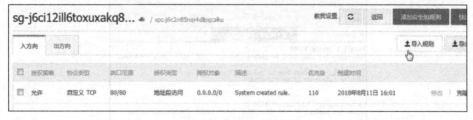

图 3-18　连接 1723 端口

然后单击"配置规则"菜单，再单击"添加安全组规则"选项，弹出如图 3-19 所示的对话框。设置端口范围为 1723/1723，授权对象为 0.0.0.0/0。

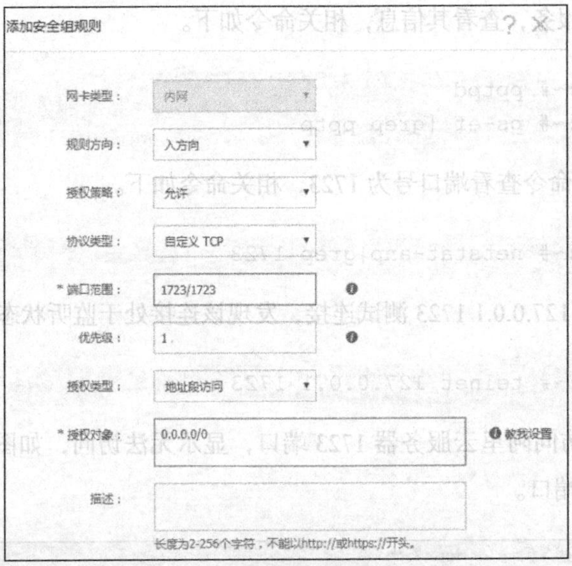

图 3-19 "添加安全组规则"对话框

根据图 3-20 中添加规则后的入方向可知,规则添加成功。

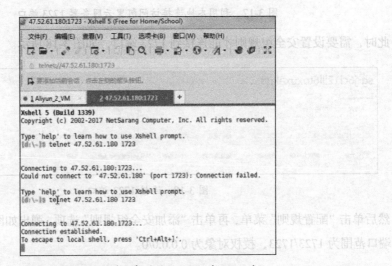

图 3-20 添加规则后的入方向

重新使用 telnet 连接云主机的 1723 端口,从图 3-21 中可以看出,已经可以访问 ECS 的 1723 号端口。

图 3-21 添加规则后成功访问 ECS 的 1723 端口

3.3.3 VPN 服务器的使用

在控制面板中，设置新的连接或网络，如图 3-22 所示。

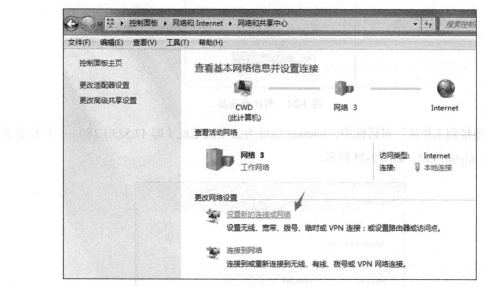

图 3-22　设置新的连接或网络

在"设置连接或网络"界面，选择"连接到工作区"选项，如图 3-23 所示。

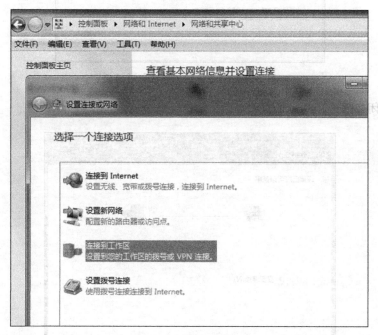

图 3-23　连接到工作区

然后创建新连接，如图 3-24 所示。

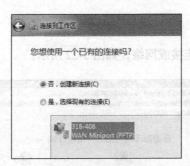

图 3-24 创建新连接

在"连接到工作区"对话框中，Internet 地址为云主机地址（即 47.52.61.180），目标名称设置为 hk_aliyun_VM，如图 3-25 所示。

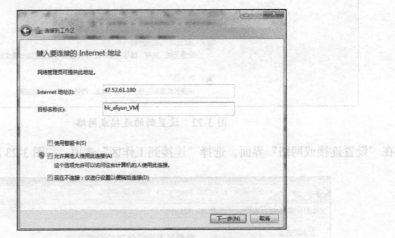

图 3-25 "连接到工作区"对话框

然后，关闭如图 3-26 所示的页面。

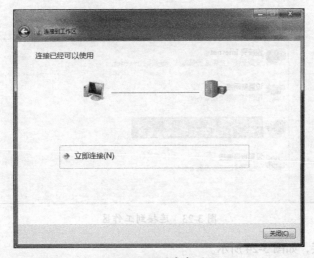

图 3-26 设置完成页面

从图 3-27 中可以看出当前连接状态，网络中出现了 hk_aliyun_VM。设置 hk_aliyun_VM 属性，设置 VPN 类型为点对点隧道协议（PPTP），设置数据加密为可选加密。然后单击"确定"按钮，弹出如图 3-28 所示对话框。

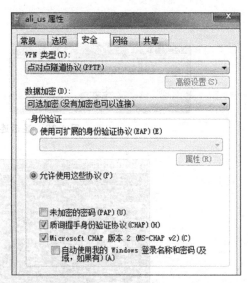

图 3-27　当前连接状态　　　　　图 3-28　"ali_us 属性"对话框

输入用户名和密码后连接到 hk_aliyun_VM，如图 3-29 所示。

图 3-29　连接到 hk_aliyun_VM

用户名和密码验证正确后，显示连接成功，如图 3-30 所示。使用 ipconfig /all 命令查看 hk_aliyun_VM 连接状态，如图 3-31 所示。由图 3-31 可知，分配的 IP 地址范围为 192.168.2.100～200，符合配置文件的设置。此时可以直接访问在同一个 VPC 内的其他主机。

在本地直接连接 Web 服务器。在 Xshell 中新打开一个本地 shell，直接输入 SSH 云主机私有 IP 地址，可以在本地直接连接 Web 服务器，如图 3-32 所示。

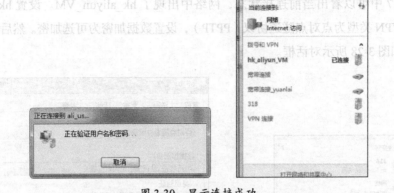

图 3-30 显示连接成功

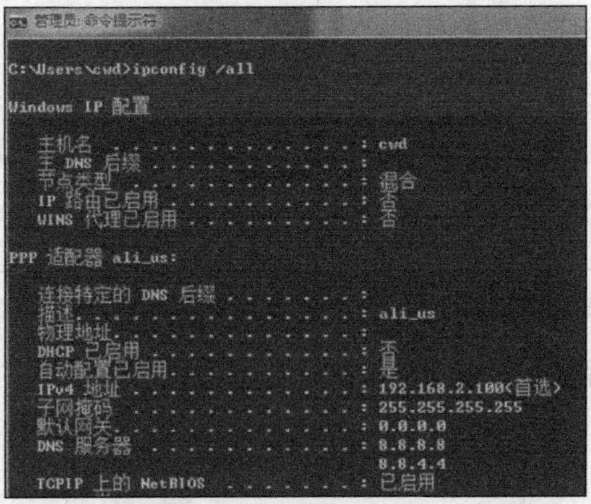

图 3-31 查看 hk_aliyun_VM 连接状态

图 3-32 在本地直接连接 Web 服务器

若出现如图 3-33 所示的错误,则可能是用户路由器或网络运营商禁止使用 VPN,可以尝试使用手机或其他网络的主机连接 VPN。

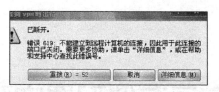

图 3-33　连接 VPN 错误

3.4　思考题

1. 负载均衡 SLB 与 NAT 网关有什么区别？
2. 如何提高云主机的安全性？
3. 企业搭建 VPN 的用途有哪些？

第 4 章 公有云存储配置实验（阿里云）

4.1 实验准备

一、实验时间

小于 240 分钟。

二、实验目标

完成本次实验后，将掌握以下内容。

- 了解公有云服务的配置和使用方法。
- 熟悉不同类型的云存储服务。
- 熟悉使用不同类型的云存储服务。

三、预备知识

在开始实验前，需要掌握以下内容。

- 对 Linux 系统有初步的了解，理解安装包、编辑命令 vi 等。
- 理解块存储、文件存储和对象存储的概念。
- 安装支持 SSH 协议的终端。

四、术语缩写

- ECS：Elastic Compute Service，云服务器。
- SSD：Solid State Disk，固态硬盘。
- Snapshot：Snapshot，快照。
- NAS：Network Attached Storage，文件系统。
- NFSv3：Network File System v3，网络文件系统第 3 版。
- NFSv4：Network File System v4，网络文件系统第 4 版。
- SMB：Server Message Block，SMB 协议。

- NFS：Network File System，网络文件系统。
- VPC：Virtual Private Cloud，专有网络 VPC。
- OSS：Object Storage Service，对象存储服务。
- S3：Simple Storage Service，简单存储服务。
- Bucket：存储空间。
- URL：Uniform Resource Locator，统一资源定位符。

五、准备工作

参考第 2 章的实验 1，创建一台云服务器（见图 4-1），本实验的计费方式选择固定带宽方式。

图 4-1 创建一台云服务器

 此处创建的云服务器将用于本章的实验 1 与实验 2。

实验 1：块存储服务

4.2.1 创建云盘

块存储提供类似于硬盘的存储服务，使用云盘服务时，可以将其作为一块硬盘使用。本实验在已有的云主机上增加一块新的硬盘作为数据盘。

云服务器创建完成后，使用 Xshell 登录进入系统，使用 fdisk -l 命令查看当前系统盘的容量为 40GB，如图 4-2 所示。

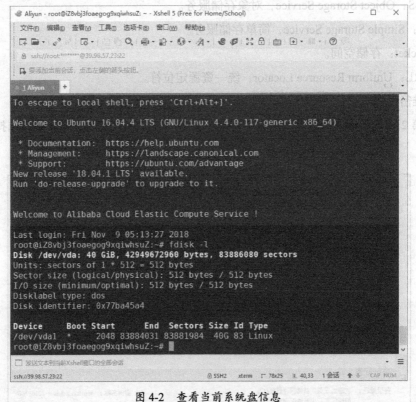

图 4-2 查看当前系统盘信息

在云服务器界面左侧的菜单中，选择"云盘"选项。这时可以看到已有一个内存为 40GB 的云盘，即刚创建的云服务器系统盘，如图 4-3 所示。

图 4-3 查看云服务器系统盘

单击"创建云盘"按钮，弹出如图 4-4 所示的对话框。注意，一定要选择地域，该地域与第一步创建的云服务器在同一个区域的同一个可用区中。鼠标移动到可用区上可以查看对应可用区内的云主机。若云盘与云主机不在一个区内，则云盘无法挂载到云主机上，并且无法迁移，这时只能将云盘删除后重新创建。

云盘创建完成后，查看管理控制台界面，可以看到有两个云盘，一个是使用中的系统盘，另一个是刚创建的待挂载的数据盘，如图 4-5 所示。

第 4 章 | 公有云存储配置实验（阿里云）

图 4-4 "创建云盘"对话框

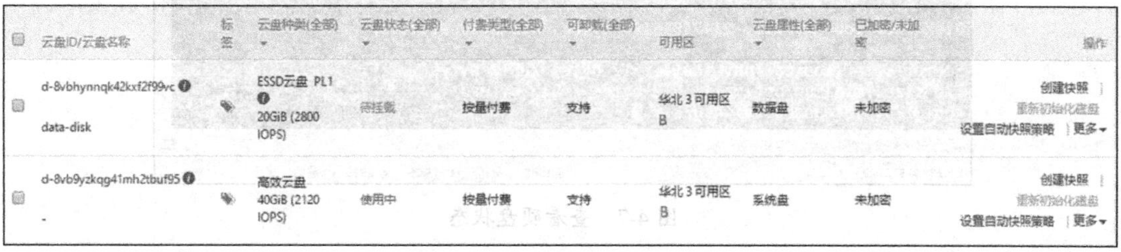

图 4-5 管理控制台界面

要挂载的云盘选择完毕后，再选择目标实例名称，然后单击"执行挂载"按钮，如图 4-6 所示。等待磁盘状态变为使用中后，登录云主机，使用 fdisk -l 命令可以看到多了一个 20GB 的硬盘，如图 4-7 所示。使用 mkfs 命令对该磁盘进行格式化，并使用 mount 命令将磁盘挂载到 /mnt 目录下进行使用。

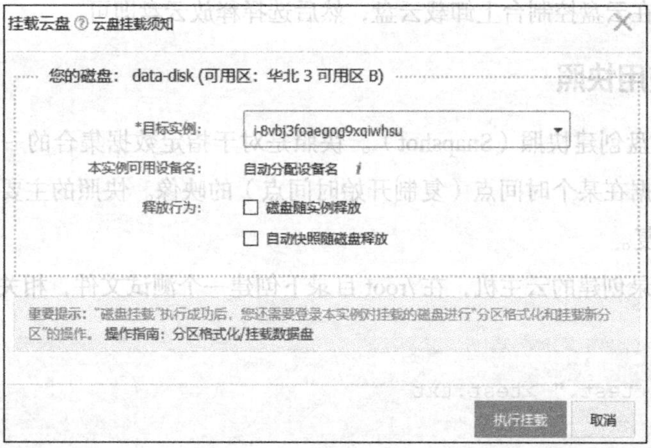

图 4-6 "挂载云盘"界面

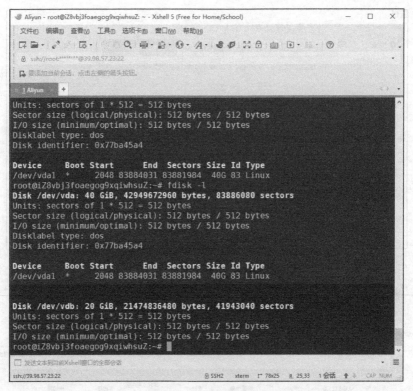

图 4-7 查看硬盘状态

使用以下命令对磁盘格式化(其中,/dev/vdb 是 fdisk -l 命令显示出来的云盘设备名称)。

```
mkfs /dev/vdb
mount /dev/vdb /mnt
```

磁盘格式化完成后,使用 cd /mnt 命令进入其对应的目录,然后使用 ls 命令查看文件系统格式化后的 lost+found 目录。

完成本实验后在云盘控制台上卸载云盘,然后选择释放云盘即可。

4.2.2 创建和使用快照

对新创建的云盘创建快照(Snapshot)。快照是对于指定数据集合的一个完全可用副本,该副本包括相应数据在某个时间点(复制开始时间点)的映像。快照的主要作用是能够进行数据的在线备份与恢复。

使用 Xshell 登录创建的云主机,在 /root 目录下创建一个测试文件,相关命令如下。

```
cd
echo "this is a test." >test.txt
cat test.txt
```

在云盘的控制菜单中单击"创建快照"选项,弹出如图 4-8 所示的"创建快照"对话框。

第4章 公有云存储配置实验（阿里云）

图 4-8 "创建快照"对话框

一般来说，创建快照的速度非常快，单击"确认"按钮后，可以在左侧菜单中的快照列表中查看快照状态，如图 4-9 所示。

图 4-9 查看快照状态

在 Xshell 中使用 rm 命令删除刚才创建的 test.txt 文件，相关命令如下，并使用 ls 命令查看。Linux 命令行执行的 rm 命令没有回收站功能，删除后的文件是找不回来的，所以要谨慎操作。

```
rm test.txt
```

在实例菜单中停止云主机，确认云主机停止后，在快照菜单中选择"回滚磁盘"选项，弹出的界面会提示系统盘回滚到创建快照时刻的状态，如图 4-10 所示。

图 4-10 "回滚磁盘"界面

047

再次使用 Xshell 登录云主机，检查 /root 目录下的测试文件，可以看到删除的 test.txt 文件已经恢复。

因为快照是持续收费的，所以在实验完成后单击"快照列表"选项，然后单击"删除快照"按钮将快照删除，如图 4-11 所示。

图 4-11　"删除快照"界面

4.3　实验 2：文件存储服务

文件系统可以在多个 ECS 实例间实现共享存储，文件系统支持 NFSv3、NFSv4 和 SMB 协议。NFS 协议广泛应用在 Linux 系统和 UNIX 系统中，Windows 系统可以通过 SMB 协议访问该文件系统。

与块存储不同，对文件系统而言，不同系统可以挂载同一个文件系统，进而实现文件在不同节点间的共享。本实验中创建一个文件系统并挂载。

首先，在"产品与服务"界面中找到"文件存储 NAS"选项，如图 4-12 所示。

图 4-12　"文件存储 NAS"选项

单击"文件存储 NAS"选项后，进入创建文件系统菜单，然后单击"创建文件系统"选项，弹出如图 4-13 所示的对话框。在该对话框中，需要选择地域和可用区。注意，该地域要与创建的云主机地域一致。与云盘不同，这里在相同区域中的不同可用区间的文件系统与计算节点是互通的。协议类型主要有 NFS 和 SMB，分别提供 Linux 系统和 Windows 系统的文件共享服务。

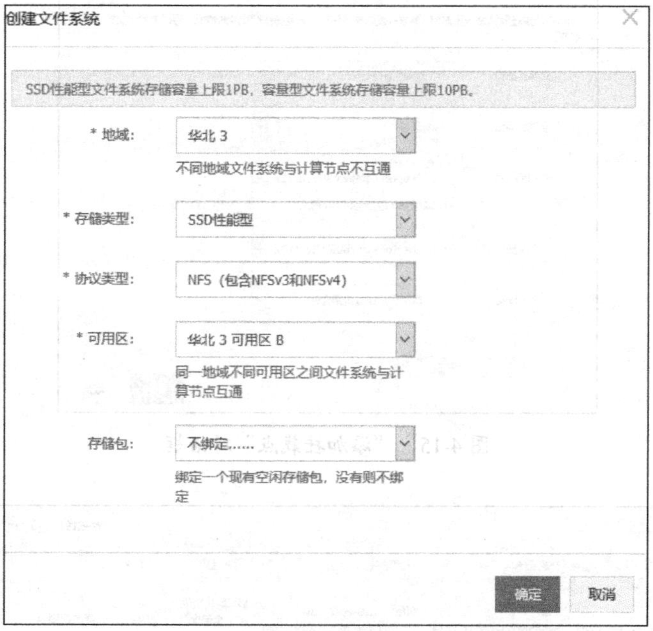

图 4-13 "创建文件系统"对话框

文件系统创建完成后，在文件系统列表中可查看刚创建的文件系统的相关内容，此时存储量为 0B，挂载点数目为 0 个，如图 4-14 所示。

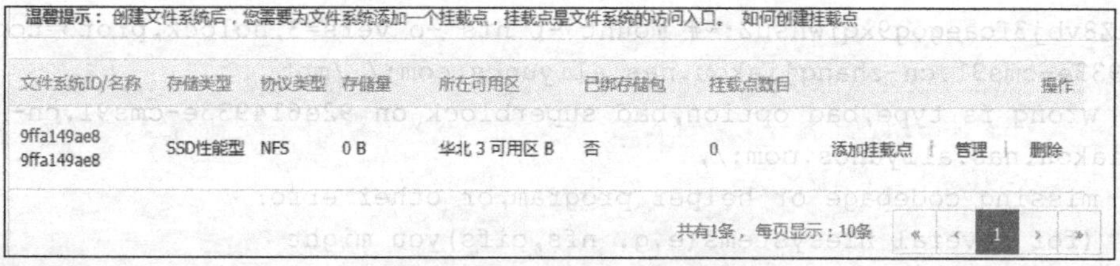

图 4-14 查看文件系统的相关内容

然后，创建挂载点。若用户选择专用网络，则需要在 VPC 网络中选择与云主机一致的 VPC，权限组默认全部允许。在这种配置下，该云主机直接可以挂载该 NAS 存储，如图 4-15 所示。

挂载点创建完成后，单击"文件系统详情"选项，即可查看挂载点的详细信息。鼠标移到挂载地址，即可查看不同版本的 nfs 挂载的命令，如图 4-16 所示。

复制上述命令到 Xshell 终端，挂载文件系统。若挂载完成后终端没有提示，则使用 mount 命令可以查看已挂载的文件系统列表，列表中有对应的文件系统。此时可以直接在 /mnt 目录下的文件系统上创建目录和文件。

图 4-15 "添加挂载点"对话框

图 4-16 查看挂载点信息

若出现以下错误,则说明 Ubuntu 需要安装 nfs-common。

```
root@iZ8vbj3foaegog9xqiwhsuZ:~# mount -t nfs -o vers=3,nolock,proto=tcp
92e614933e-cms91.cn-zhangjiakou.nas.aliyuncs.com:/ /mnt
mount: wrong fs type,bad option,bad superblock on 92e614933e-cms91.cn-
zhangjiakou.nas.aliyuncs.com:/,
       missing codepage or helper program,or other error
       (for several filesystems(e.g. nfs,cifs)you might
       need a /sbin/mount.<type> helper program)

       In some cases useful info is found in syslog - try
       dmesg | tail or so.
```

安装 nfs-common 的相关命令如下。

```
apt-get update
apt-get install nfs-common
```

文件系统可以被同一个地域内的所有云主机共享数据。另外,文件系统具有数据迁移的功能,可以从其他的对象存储与 NAS 服务商迁移数据。文件系统还可以通过权限组(根据不同的 IP 地址)设置不同机器的访问权限。

实验完成后，在文件系统详情页面删除挂载点，然后再删除文件系统即可，如图 4-17 所示。

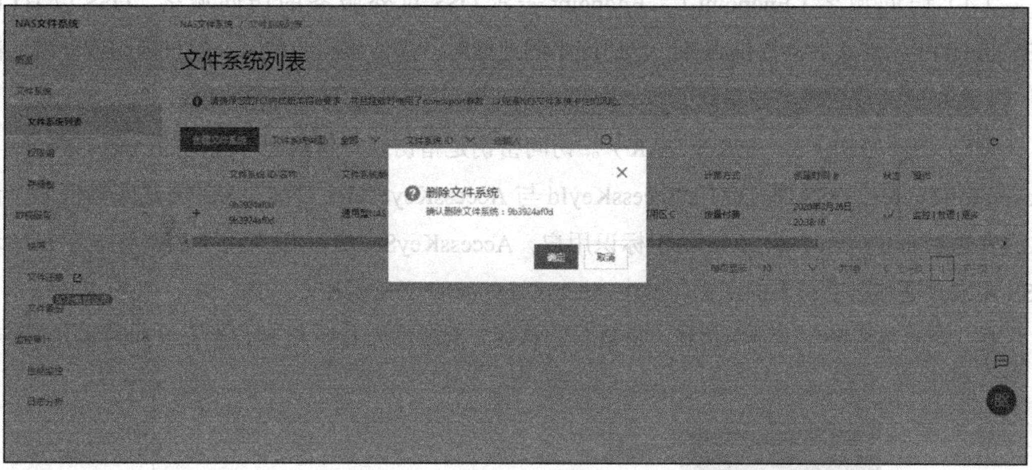

图 4-17　删除挂载点及文件系统

4.4　实验 3：使用对象存储服务

对象存储服务（Object Storage Service，OSS）具有与平台无关的 RESTful API 接口，该服务与亚马逊提供的简单存储服务（Simple Storage Service，S3）类似，即可以在任何应用、任何时间、任何地点存储，并且可以访问任意类型的数据。

阿里云提供了 API 接口、SDK 接口和 OSS 迁移工具，用于将数据移入或移出阿里云 OSS。数据存入阿里云 OSS 后，可以选择标准类型（Standard）的阿里云 OSS 作为移动应用、大型网站、图片分享或热点音频 / 视频的主要存储方式，也可以选择成本更低、存储期限更长的低频访问类型（Infrequent Access）和归档类型（Archive）的阿里云 OSS 作为不经常访问数据的备份和归档。

下面介绍对象存储的几个基本概念。

（1）存储空间（Bucket）。存储空间是用于存储对象（Object）的容器，所有的对象都必须属于某个存储空间。通过设置和修改存储空间属性来控制地域、访问权限、生命周期等内容，这些属性设置直接作用于该存储空间内的所有对象。通过创建不同的存储空间来完成不同的管理功能。

（2）对象 / 文件（Object）。对象是 OSS 存储数据的基本单元，也称为 OSS 的文件。对象由元信息（Object Meta）、用户数据（Data）和文件名（Key）组成，对象由存储空间内部唯一的文件名来标识。元信息是一个键值对，表示对象的一些属性，如最后修改时间、对象大小等信息，同时也可以在元信息中存储一些自定义的信息。注意，由于存储空间管理的因素，阿里云中小于 64KB 的文件也按 64KB 计费。

（3）地域（Region）。地域表示 OSS 的数据中心所在的物理位置。用户可以根据费用、请求来源等综合因素选择数据存储的地域。

（4）访问域名（Endpoint）。Endpoint 表示 OSS 对外服务的访问域名。OSS 以 HTTP RESTful API 的形式对外提供服务，当访问不同地域时，需要不同的域名。通过内网或外网访问同一个地域所需要的域名是不同的。

（5）访问密钥（AccessKey，AK）。访问密钥是指访问身份验证中用到的 AccessKeyId 与 AccessKeySecret。OSS 通过使用 AccessKeyId 与 AccessKeySecret 对称加密的方法来验证某个请求的发送者身份。AccessKeyId 用于标识用户，AccessKeySecret 是用户用于加密签名字符串和 OSS 用来验证签名字符串的密钥，其中 AccessKeySecret 必须保密。

在"产品与服务"界面中选择"对象存储 OSS"选项进入 OSS 管理控制台，如图 4-18 所示。

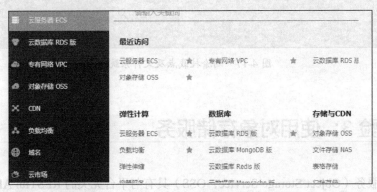

图 4-18 "产品与服务"界面中的对象存储 OSS

首先创建 Bucket，即文件与文件夹保存的存储空间。输入新建 Bucket 的名称，并选择存储类型和读写权限，如图 4-19 所示。

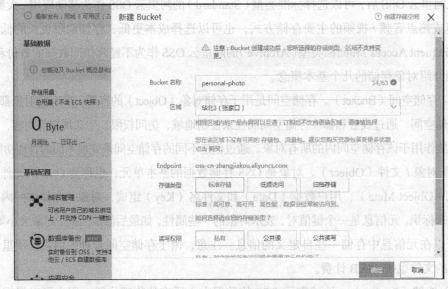

图 4-19 "新建 Bucket"对话框

选中刚创建的 Bucket 后，创建新的目录，然后上传文件，也可以直接上传文件。这里先创建一个新目录——2018，如图 4-20 所示。

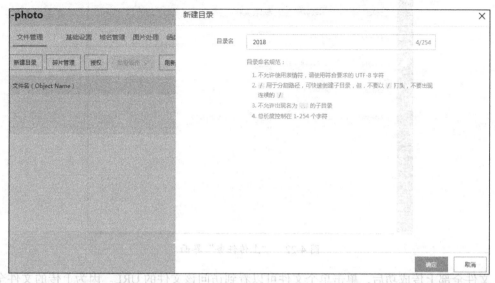

图 4-20　新建目录——2018

单击"上传文件"按钮后出现"上传文件"对话框，最多支持 100 个以内的文件同时上传，如图 4-21 所示。

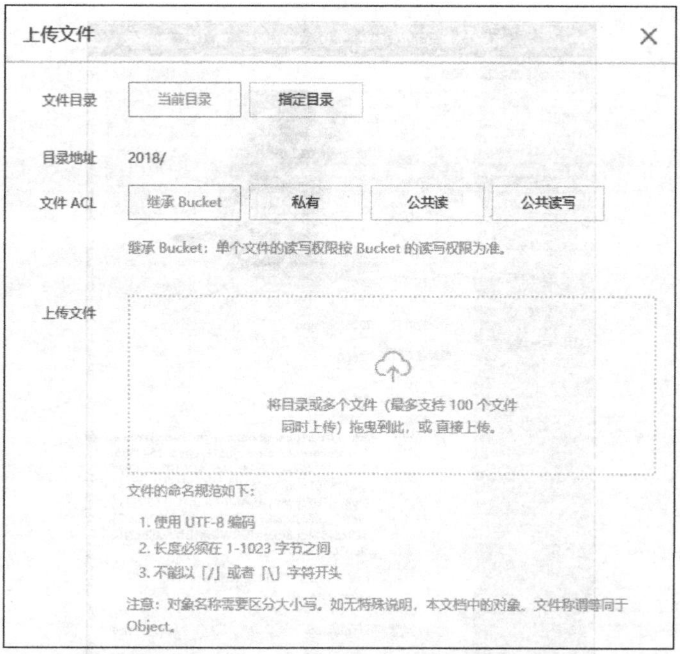

图 4-21　"上传文件"对话框

多个文件同时上传时，可查看每个文件的上传进度，如图 4-22 所示。

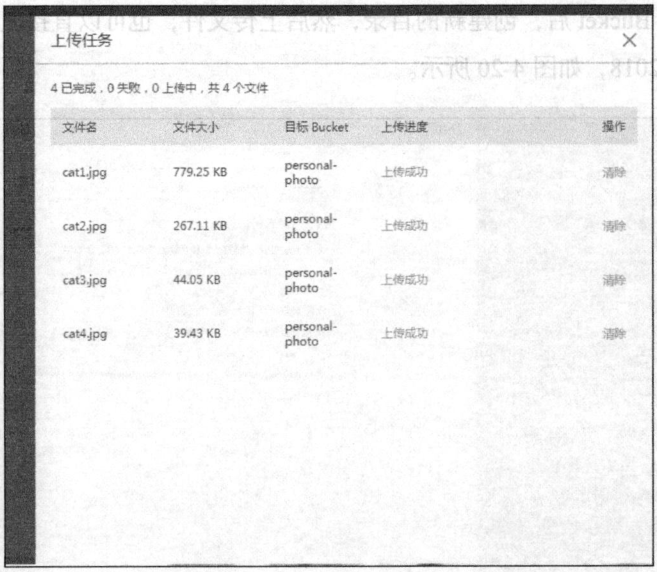

图 4-22 "上传任务"界面

文件全部上传成功后，单击单个文件可以看到访问该文件的 URL。因为上传的文件全部都是私有文件，所以其中包含了过期时间（Expires）与 OSS 的临时访问密钥，这里的过期时间是 3600s，用户也可以自己设置该时间。复制该文件的 URL，然后使用另一种浏览器访问该 URL，可以看到对应的文件内容，如图 4-23 所示。

图 4-23 查看文件内容

这里可以修改文件的读写权限，若文件的读写权限类型设置为公共读，则 URL 会变为 https://personal-photo.oss-cn-zhangjiakou.aliyuncs.com/2018/cat2.jpg 的形式，对应的各个部分的含义分别为存储空间名、阿里云域名、目录名和文件名，如图 4-24 所示。

图 4-24　更改 URL

OSS 可用于图片、音视频、日志等海量文件的存储。各种终端设备、Web 网站程序、移动应用可以直接向 OSS 写入或读取数据，OSS 支持流式写入和文件写入两种方式。OSS 还可以用于存储网页或者移动应用的静态文件。

实验结束后，删除 Bucket 中的文件夹和文件，待 Bucket 中没有内容后再删除整个 Bucket，如图 4-25 所示。

图 4-25　删除 Bucket

4.5 思考题

1. 三种存储服务主要用于哪些场景？
2. 对比并评估三种存储服务的优缺点。
3. 试评估将手机中所有数码照片存储在 OSS 中的可行性。评估内容包括预计容量大小、访问便利性和费用等。

第 5 章 公有云服务器配置实验（AWS）

5.1 实验准备

一、实验时间
小于 120 分钟。

二、实验目标
完成本次实验后，将掌握以下内容。
- 了解 AWS 服务的配置和使用方法。
- 使用云服务器搭建一个 Web 服务器。
- 管理和维护 Web 服务器。

本实验与公有云服务器实验(阿里云)内容是一致的,两个云计算平台可以选择一个进行创建。

三、预备知识
在开始实验前，需要掌握以下内容。
- 对 Linux 系统有初步的了解，理解安装包等相关内容。
- 理解 HTTP、SSH 等协议。

四、术语缩写
- AWS：Amazon Web Service，亚马逊（Amazon）Web 服务（Amazon 云服务）。
- EC2：Elastic Compute Cloud，弹性云计算（Amazon 的云计算实例）。
- VPC：Virtual Private Cloud，虚拟私有云（Amazon 的私有网络）。
- AMI：Amazon Machine Images，亚马逊机器镜像（Amazon 提供的预先安装好的操作系统镜像）。
- EBS：Elastic Block Store，弹性块存储（Amazon 提供的云存储服务，提供块访问接口）。
- SSH：Secure Shell，安全外壳协议。

- SSD：Solid State Disk，固态硬盘。
- HTTP：Hyper Text Transfer Protocol，超文本传输协议。
- HTTPD：Apache 超文本传输协议（HTTP）服务器的主程序。
- DNS：Domain Name System，域名系统。
- IPv4：Internet Protocol，互联网协议的第 4 版。

5.2 创建实例

在 AWS 管理控制台上可创建 EC2 实例。该实例就是可以运行应用程序的虚拟服务器，由 CPU、内存、存储和网络组成，可通过选择不同的实例类型灵活地为应用程序选择适当的资源组合，通过选择 VPC 配置各自需要的网络，选择存储指定存储的容量大小等，配置安全组指定一组网络防火墙规则。

5.2.1 选择 AMI

选择一个 Amazon 系统映像（AMI），AMI 是一种系统映像模板，其中包含启动实例所需的软件配置（操作系统、应用程序服务器和应用程序）。这里可选择一个免费套餐，即"Amazon Linux 2 AMI（HVM），SSD Volume Type"，如图 5-1 所示。

图 5-1　选择一个 Amazon 系统映像

5.2.2 选择实例类型

Amazon EC2 提供了多种经过优化，且适用于不同使用案例的实例类型，这里选择免费的 t2.micro 类型（一个虚拟 CPU、1GB 内存，采用 EBS 存储），如图 5-2 所示。然后执行下一步，即配置实例详细信息。

第 5 章 | 公有云服务器配置实验（AWS）

图 5-2　选择一个实例类型

5.2.3　配置实例详细信息

对实例的一些信息（如创建与选择网络、是否启动 CloudWatch 进行资源监控、指定系统启动脚本）进行配置，以满足用户不同的需求，如图 5-3 所示。网络创建的相关内容在后面的章节中详细介绍。

图 5-3　配置实例详细信息

实例配置的详细信息如下,其他配置均采用默认值。

(1)启用终止保护,选中"防止意外终止"选项。当用户不再需要一个 Amazon EC2 实例时,可以终止该实例。实例终止后,该实例被停止,并且与其关联的资源也被释放。注意:一个被终止的实例不能再次被启动。若想避免实例被意外终止,则可以启用终止保护。

(2)展开"高级详细信息"选项,可以查看用户数据域。若在该区域指定用户数据,则在实例的操作系统完成操作后会自动执行用户数据中指定的内容。因为已经选择 Linux 操作系统,所以这里指定 Shell 脚本,并安装与配置 Apache 服务,创建一个简单的网页。相关命令如下。

```
#!/bin/bash
yum -y install httpd
chkconfig httpd on
systemctl start httpd
echo '<html><h1>My AWS WebServer!</h1></html>' > /var/www/html/index.html
```

5.2.4 添加存储

用户需要指定实例的存储设备类型与存储大小等内容,然后可以使用该存储设备启动被创建的实例。用户也可以通过添加新卷将其他 EBS 卷和实例存储卷连接到所创建的实例上。这里相关的选项都采用默认值,即采用通用型 SSD,大小为 8GB 的 EBS 卷如图 5-4 所示。

图 5-4 添加存储

5.2.5 添加标签

标签由区分英文字母大小写的键值对组成,这些标签会应用于卷和实例中。单击"添加标签"选项,设置一个键为"Name"、值为"Web Server"的标签,如图 5-5 所示。

图 5-5　添加标签

5.2.6　配置安全组

安全组是一组防火墙规则，用于控制所创建实例的网络访问，其默认设置是不允许所有网络流量访问的，可通过追加规则允许到达实例的特定网络流量。例如，对于一个 Web 服务器，允许 Internet 流量到达所创建的实例，所以在这里可添加相应的规则允许不受限制地访问 HTTP 端口和 HTTPS 端口。

本实验提供了两个有关配置安全组的选项，即创建一个新的安全组（见图 5-6）或选择一个现有的安全组。本实验通过创建一个新的安全组来配置安全组，默认新创建的安全组存在 SSH 规则，且允许 SSH 远程访问，如图 5-7 所示的具体配置如下。

（1）安全组名称：Web Server security group。

（2）描述：Security group for my web server。

然后单击"删除"按钮删除存在的 SSH 规则，禁止 SSH 远程访问。此时，先不指定防火墙规则，等实例创建完毕后再配置防火墙规则。先思考在实例启动完毕后 Web 服务是否能够被访问。

图 5-6　创建一个新的安全组

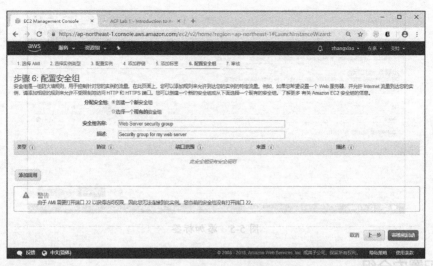

图 5-7 新建安全组的具体配置

5.2.7 审核与启动

完成核查实例配置信息后,可启动实例,如图 5-8 所示。

图 5-8 核查实例配置信息并启动实例

在单击"启动"按钮后,弹出一个"选择现有密钥对或创建新密钥对"窗口,选中"我确认我无法连接到此实例,除非我已经知道内置于 AMI 中的密码。"选项。因为本实验不需要登录实例,所以这里确认不连接该实例,如图 5-9 所示。

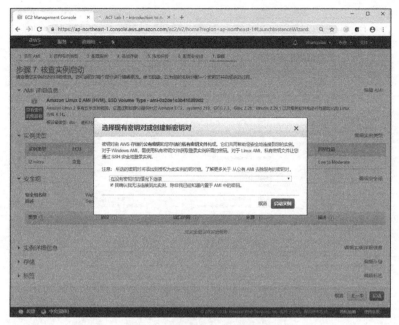

图 5-9 "选择现有密钥对或创建新密钥对"窗口

最后单击"启动实例"按钮来启动实例,如图 5-10 所示。

图 5-10 启动实例

5.2.8 选择查看实例

选中具体实例,单击鼠标右键,查看实例的运行状态,如图 5-11 所示。

图 5-11　查看实例的运行状态

在该界面查看实例的运行状态，需要等待所创建的实例显示为：

（1）实例状态：运行中；

（2）状态检查：2/2 checks passed。

如图 5-12 所示，这样 Amazon EC2 实例就创建成功，并且可以成功运行。

图 5-12　Amazon EC2 实例

5.3 查看实例

实例创建成功后,可以查看实例,查看实例的主要内容包括:查看描述、查看监控、获取系统日志和获取屏幕截图。

5.3.1 查看描述

单击"描述"选项,出现如图 5-13 的界面。在图 5-13 中可以查看对外能够访问的公有 DNS(IPv4)、IPv4 公有 IP 地址等很多信息,需要特别关注公有 DNS(IPv4)域的内容,即 ec2-18-179-30-235.ap-northeast-1.compute.amazonaws.com,该内容是该实例对外的 DNS 域名。

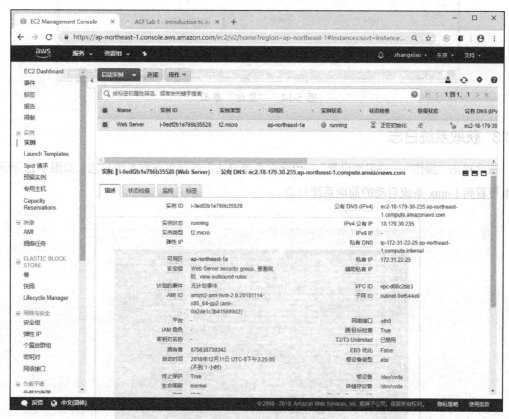

图 5-13 "查看描述"界面

5.3.2 查看监控

单击"监控"选项可查看资源状态,如图 5-14 所示。

图 5-14 "监控"界面

5.3.3 获取系统日志

依次单击"操作"—"实例设置"—"获取系统日志"选项可获取系统日志,如图 5-15 所示。这里可看到 Linux 系统启动的前期系统日志。

图 5-15 获取系统日志

向下拖动鼠标可查阅 HTTPD 安装的日志,如图 5-16 所示。

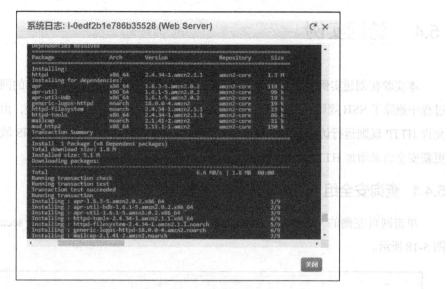

图 5-16　查阅 HTTPD 安装的日志

5.3.4　获取屏幕截图

依次单击"操作"—"实例设置"—"获取实例屏幕截图"选项可获取当前实例的屏幕截图，如图 5-17 所示。

图 5-17　获取实例屏幕截图

5.4 访问实例

本实验在创建实例过程中安装了 Apache 服务器，并且指定了一个简单的网页。由于在配置过程中删除了 SSH 规则，因此通过远程 SSH 不能访问所创建的实例。另外，由于在安全组中不允许 HTTP 规则运行访问，因此通过谷歌等浏览器不能访问实例对外的 DNS 域名。这里可通过更新安全组来增加 HTTP 规则允许外部访问。

5.4.1 查询安全组

单击网页左侧的"安全组"选项，查询刚创建的安全组"Web Server security group"，如图 5-18 所示。

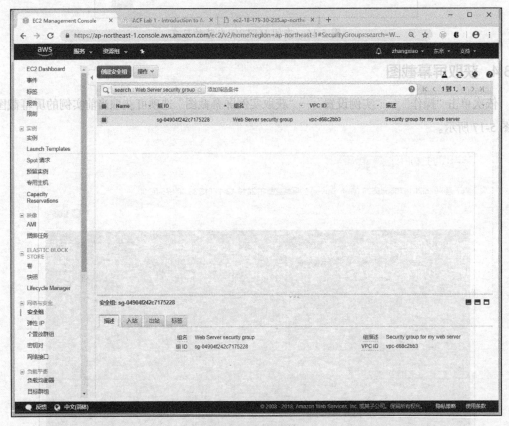

图 5-18　查询安全组

5.4.2 编辑入站规则

从图 5-18 中可以看出，此时没有任何入站规则。单击"编辑"选项，编辑入站规则，如图 5-19 所示。入站规则允许任何位置访问 80 端口。

图 5-19　编辑入站规则

编辑完成后，单击"保存"按钮，入站规则立即生效。

5.4.3　HTTP 访问

此时，通过浏览器即可浏览 ec2-18-179-30-235.ap-northeast-1.compute.amazonaws.com（实例对外的 DNS 域名），且显示的内容为"My AWS Web Server！"。

5.5　资源再配置

在虚拟机运行过程中，若实例的资源不满足要求（如内存太小、CPU 计算资源不足等），则需要更新资源的配置。这时需要先停止实例的运行，再更改资源的配置。

5.5.1　实例停止

依次单击"操作"—"实例状态"—"停止"选项，将实例停止，如图 5-20 所示。注意，停止实例后，存储在现有 EBS 上的所有数据都将丢失，除非用户将数据保存到 AWS S3 中或者其他存储。停止实例一段时间后，实例的状态才能变为 stopped，如图 5-21 所示。

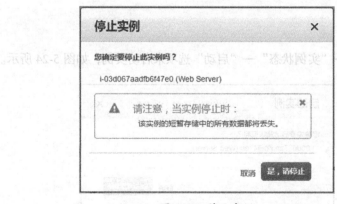

图 5-20　停止实例

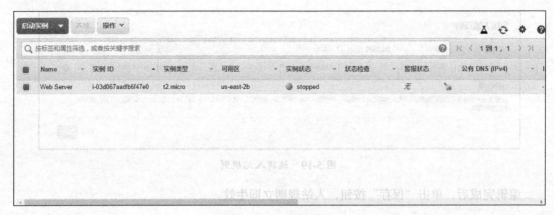

图 5-21　实例状态为 stopped

5.5.2　配置资源

依次单击"操作"—"修改卷"选项来修改卷的大小等信息，如图 5-22 所示。依次单击"操作"—"实例设置"—"更改实例类型"选项来更改实例类型，如图 5-23 所示。

图 5-22　修改卷

图 5-23　更改实例类型

5.5.3　实例启动

依次单击"操作"—"实例状态"—"启动"选项来启动实例，如图 5-24 所示。

图 5-24　启动实例

5.6 终止实例

在实例使用完毕后且确认以后不再使用时，依次单击"操作"—"实例状态"—"终止"选项来终止实例。但是，由于前面设置中选中了"防止意外终止"选项，因此直接终止实例是不可以的，这时会显示相关警告，如图 5-25 所示。

图 5-25 终止实例的相关警告

若确定要终止实例，则需要更改终止保护选项，依次单击"操作"—"实例设置"—"更改终止保护"选项，此时弹出如图 5-26 所示的页面。

图 5-26 "禁用终止保护"页面

单击"是，请禁用"按钮，即可更改终止保护模式，这样即可完成终止实例。注意，若实例一旦终止，则实例存储的全部内容都会被删除，除非将数据保存在 S3 或者数据库中。

实例终止等待一段时间后，实例状态变为 terminated，表示实例已经被终止。实例一旦终止，就不能再次启动。

5.7 思考题

1. 在 AWS 云中，如何提高云主机的安全性？
2. 在 AWS EC2 使用过程中，如何评估成本？
3. 在 VMWare 等虚拟化平台上终止虚拟机与终止 AWS EC2 实例有什么区别？

第 6 章 公有云网络和安全配置实验（AWS）

6.1 实验准备

一、实验时间

小于 120 分钟。

二、实验目标

完成本次实验后，将掌握以下内容。

- 了解 AWS 服务的配置和使用方法。
- 使用 VPC 创建虚拟私有云。
- 使用 EC2 搭建一个 Web 服务器。
- 管理和维护 Web 服务器。

三、预备知识

在开始实验前，需要掌握以下内容。

- 对 Linux 系统有初步的了解，理解安装包等。
- 理解 HTTP、SSH 等协议。

四、预备工具

- 已安装有支持 SSH 协议的终端 Xshell。

五、术语缩写

- AWS：Amazon Web Service，亚马逊 Web 服务（Amazon 云服务）。
- EC2：Elastic Compute Cloud，弹性云计算（Amazon 的云计算实例）。
- VPC：Virtual Private Cloud，虚拟私有云（Amazon 的私有网络）。
- SSH：Secure Shell，安全外壳协议。

- VPN：Virtual Private Network，虚拟专用网络。
- IPv4：Internet Protocol，互联网协议的第 4 版。
- CIDR：Classless Inter-Domain Routing，无类别域间路由。
- NAT：Network Address Translation，网络地址转换。

6.2 密钥对的创建

创建密钥的目的是为后续对 EC2 实例进行远程 SSH 访问提供密钥。

6.2.1 访问 EC2 管理界面

在"AWS 管理控制台的服务"菜单上，单击"EC2"选项，如图 6-1 所示。

图 6-1 "EC2"选项

6.2.2 创建密钥对

在 EC2 管理界面的左侧窗格中，选择"密钥对"后单击"创建密钥对"选项，会弹出如图 6-2 所示的窗口，指定密钥对名称为"NPUAccess"。单击"创建"按钮，即完成创建一个名称为 NPUAccess 的密钥对，同时会自动下载一个名为 NPUAccess.pem 的文件，后续在创建实例时，若选择 NPUAccess 密钥对，则访问对应实例需要该授权文件。

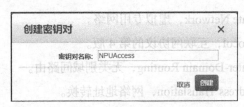

图 6-2 "创建密钥对"窗口

6.3 创建 VPC

在使用 VPC 向导创建 VPC 时，有 4 种选项可选择：带有单个公有子网的 VPC、带有公有子网和私有子网的 VPC、带有公有子网和私有子网以及硬件 VPN 访问的 VPC 及仅带有私有子网和硬件 VPC 访问的 VPC，不同选项适合不同的场景，下面详细说明。

带有单个公有子网的 VPC（见图 6-3）：该 VPC 关联的实例会在 AWS 云的专用隔离部分运行，该部分可直接访问 Internet。并且可使用网络访问控制列表和安全组对实例的入站和出站网络流量进行严格控制。

带有公有子网和私有子网的 VPC（见图 6-4）：除包含公有子网外，此配置还添加了一个私有子网，该子网的实例无法从 Internet 寻址。私有子网中的实例可以使用 NAT 通过公有子网与 Internet 建立出站连接。

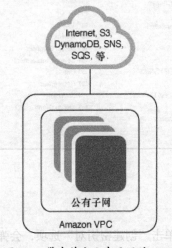

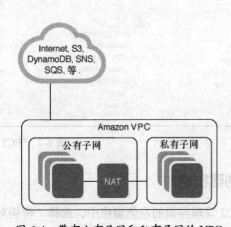

图 6-3 带有单个公有子网的 VPC　　　图 6-4 带有公有子网和私有子网的 VPC

带有公有子网和私有子网以及硬件 VPN 访问的 VPC（见图 6-5）：此配置在 Amazon VPC 和公有数据中心之间添加了 IPSec VPN 连接，可有效地将公有数据中心扩展到 AWS 中，同时为 Amazon VPC 中的公有子网实例提供面向 Internet 的直接访问。

仅带有私有子网和硬件 VPC 访问的 VPC（见图 6-6）：VPC 关联的实例在 AWS 的专用隔离部分中运行，该部分带有一个私有子网，该子网的实例无法从 Internet 寻址。可以通过 IPSec 虚拟专用网（VPN）隧道将此私有子网连接到公有数据中心。

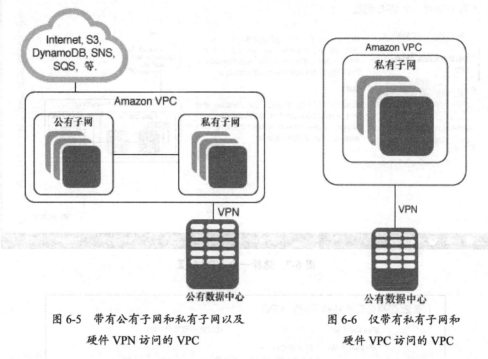

图 6-5　带有公有子网和私有子网以及　　　图 6-6　仅带有私有子网和
　　　　硬件 VPN 访问的 VPC　　　　　　　　　　　　硬件 VPC 访问的 VPC

本实验采用第 2 个选项，即利用带有公有子网和私有子网的 VPC 来创建 VPC。

6.3.1　访问 VPC 管理界面

在"AWS 管理控制台"的"服务"菜单上，单击"VPC"选项，进入 VPC 管理界面，在该界面可创建、配置和显示 VPC 相关资源，如子网、路由表、网关、安全组和 VPN 等。

6.3.2　创建并配置 VPC

单击界面右侧最上面的"Launch VPC Wizard"选项，进入 VPC 创建向导界面，选择 VPC 类型、配置子网及网关等信息。

步骤 1：选择一个 VPC 配置。单击"带有公有子网和私有子网的 VPC"选项，创建一个包含公有子网和私有子网的 VPC，如图 6-7 所示。

单击"选择"按钮，进入步骤 2，即带有公有子网和私有子网的 VPC，进行相关信息的设置，其配置信息如图 6-8 所示。

图 6-8 中的配置信息如下。

（1）IPv4 CIDR 块：输入 10.0.0.0/16。

（2）VPC 名称：输入 NPU Lab VPC。

图 6-7 选择一个 VPC 配置

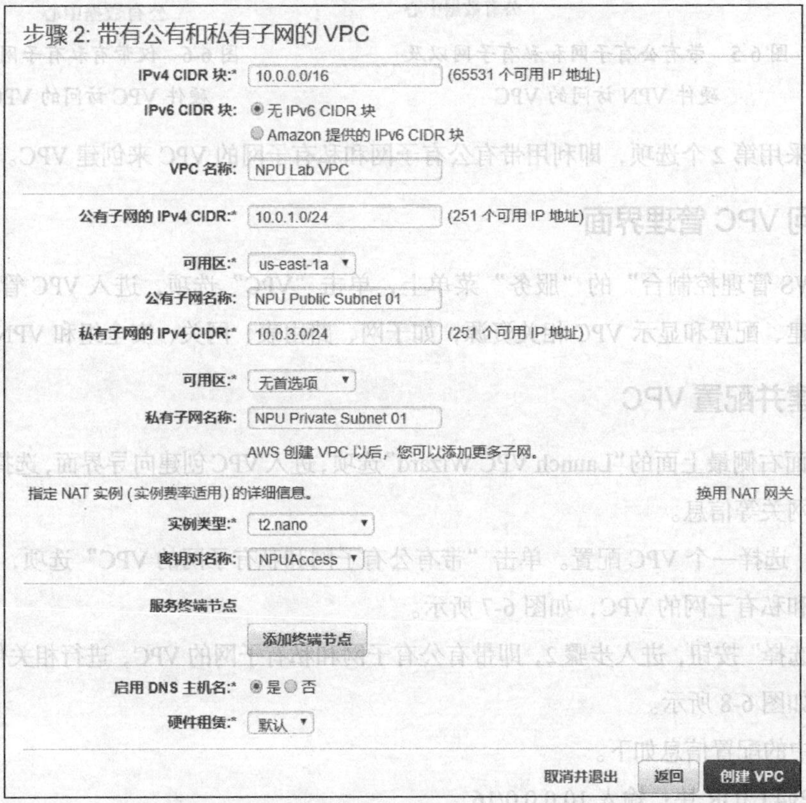

图 6-8 带有公有子网和私有子网的 VPC 的配置信息

（3）公有子网的 IPv4 CIDR：输入 10.0.1.0/24，注意，这里可安全地忽略："公有子网和私有子网 CIDR 块有所重叠"的警告信息。

（4）可用区：单击下拉框选择第一个可用区，即 us-east-1a。

（5）公有子网名称：输入 NPU Public Subnet 01。

（6）私有子网的 IPv4 CIDR：输入 10.0.3.0/24。

（7）可用区：单击下拉框选择第一个可用区，即无首选项，并且要保证该可用区与公有子网处于同一个可用区内。

（8）私有子网名称：输入 NPU Private Subnet 01。

（9）实例类型：选择默认的 t2.nano。

（10）密钥对名称：选择 NPUAccess，以便用户可以通过远程 SSH 登录到 NAT 实例上。

信息全部配置完成后，单击"创建 VPC"按钮，在显示创建成功的信息中，单击"确定"按钮。这样就创建了两个子网，即一个私有子网和一个公有子网，同时创建一个 NAT 实例并启动，该实例位于公有子网中。

在 VPC 管理界面中可查看所创建的 VPC 信息、子网信息、Internet 网关信息和路由表信息等。同时在 EC2 管理界面中可查看创建的 NAT 实例，NAT 实例的具体信息如图 6-9 所示，需要注意的是该实例对外的 IP 地址为 3.89.16.173。

图 6-9　NAT 实例的具体信息

NAT 实例的网卡 eth0 的信息如图 6-10 所示，其接口 ID 为 eni-0279df8300d0fac07。

图 6-10　NAT 实例的网卡 eth0 的信息

6.3.3　创建其他子网

这里需要将从另一个可用区中创建两个子网，并将子网与现有路由表相关联。

一、创建第二个公有子网

在 VPC 的导航窗格中,单击"子网"选项后,切换到子网管理界面。单击"创建子网"选项即可进入"创建子网"界面,如图 6-11 所示。

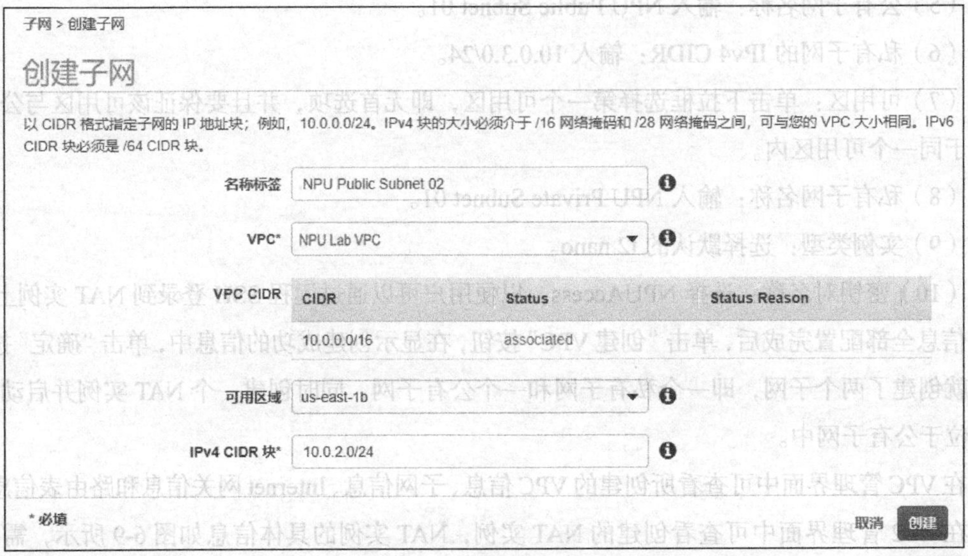

图 6-11 "创建子网"界面

图 6-11 中的配置信息如下,其他配置信息采用默认值。

(1) 名称标签:输入 NPU Public Subnet 02。

(2) VPC:选择 NPU Lab VPC。

(3) 可用区域:选择第二个可用区域,即 us-east-1b。

(4) IPv4 CIDR 块:输入 10.0.2.0/24。

所有信息全部配置完成后,单击"创建"按钮,该公有子网创建完毕,可在子网信息中查看。

二、创建第二个私有子网

单击"创建子网"选项即可进入"创建子网"界面,如图 6-12 所示。通过与第一部分类似的配置方法创建属于 NPU Lab VPC 的第二个私有子网。

图 6-12 中的配置信息如下。其他配置信息采用默认值。

(1) 名称标签:输入 NPU Private Subnet 02。

(2) VPC:选择 vpc-0f01eee576c85596a。

(3) 可用区域:选择第二个可用区域,即 us-east-1b,并且要保证与第二个公有子网"NPU Public Subnet 02"处于同一个可用区域。

(4) IPv4 CIDR 块:输入 10.0.4.0/24。

所有信息全部配置完成后,单击"创建"按钮,即可创建属于 NPU Lab VPC 的第二个私有子网。

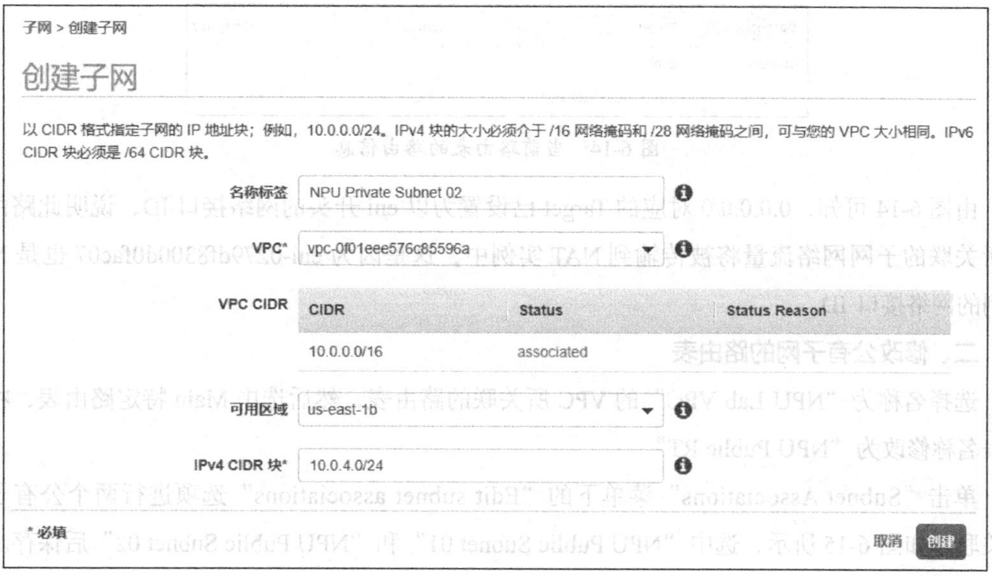

图 6-12 "创建子网"界面

6.3.4 修改路由表

一、修改私有子网的路由表

在导航窗口中，单击"路由表"选项，即可查看所有的路由表。选择名称为"NPU Lab VPC"的 VPC 所关联的路由表，在此路由表的"Name"列中，单击"输入"选项，输入路由表的名称"NPU Private RT"。单击"Subnet Associations"菜单下的"Edit subnet associations"选项进行两个私有子网的关联，如图 6-13 所示，选择"NPU Private Subnet 01"与"NPU Private Subnet 02"两个私有子网。

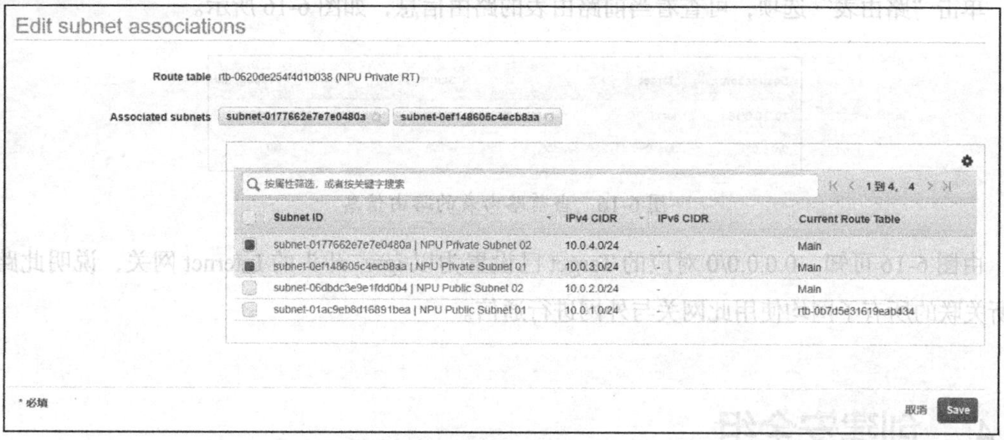

图 6-13 两个私有子网的关联

单击"路由表"选项，可查看当前路由表的路由信息，如图 6-14 所示。

Destination	Target	Status	Propagated
10.0.0.0/16	local	active	No
0.0.0.0/0	eni-0279df8300d0fac07	active	No

图 6-14 当前路由表的路由信息

由图 6-14 可知，0.0.0.0/0 对应的 Target 已设置为以 eni 开头的网络接口 ID，说明此路由表中所关联的子网网络流量将被传输到 NAT 实例中，这是因为 eni-0279df8300d0fac07 也是 NAT 实例的网络接口 ID。

二、修改公有子网的路由表

选择名称为"NPU Lab VPC"的 VPC 所关联的路由表，然后选中 Main 特定路由表，将路由表名称修改为"NPU Public RT"。

单击"Subnet Associations"菜单下的"Edit subnet associations"选项进行两个公有子网的关联，如图 6-15 所示，选中"NPU Public Subnet 01"和"NPU Public Subnet 02"后保存。

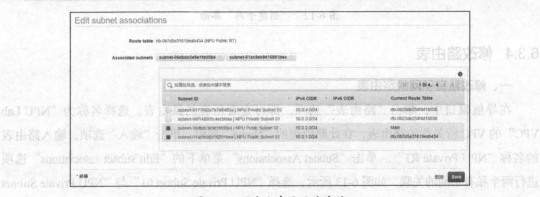

图 6-15 两个公有子网的关联

单击"路由表"选项，可查看当前路由表的路由信息，如图 6-16 所示。

Destination	Target	Status	Propagated
10.0.0.0/16	local	active	No
0.0.0.0/0	igw-0e99f1728e08aa3d6	active	No

图 6-16 当前路由表的路由信息

由图 6-16 可知，0.0.0.0/0 对应的 Target 已设置为以 igw- 开头的 Internet 网关，说明此路由表所关联的所有子网均使用此网关与外网进行通信。

6.4 创建安全组

本实验要求创建一个允许 Web 和 SSH 访问的 VPC 安全组。

6.4.1 创建 VPC 安全组

在 VPC 管理界面的导航窗口中，单击"安全组"选项栏，然后单击"创建安全组"选项，显示如图 6-17 的信息。

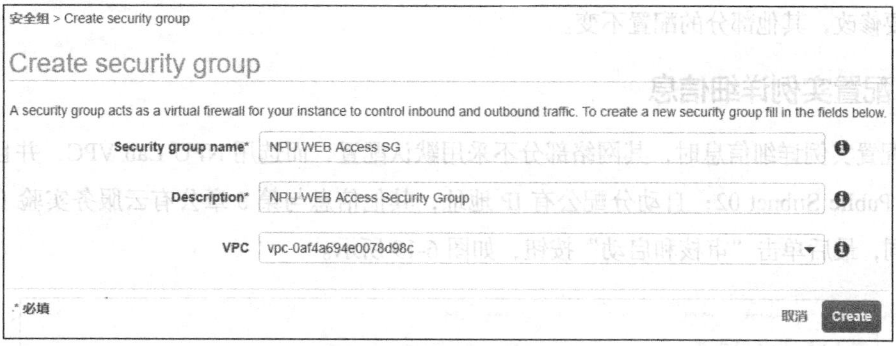

图 6-17 新建安全组的信息

图 6-17 中的配置信息如下。

（1）Security group name：输入 NPU WEB Access SG。

（2）Description：输入 NPU WEB Access Security Group。

（3）VPC：选择 vpc-0af4a694e0078d98c。

将所有信息配置完成后，单击"Create"按钮，安全组创建完成。

6.4.2 编辑入站规则

在"安全组"选项中，单击"编辑"选项，编辑入站规则，如图 6-18 所示，其规则是任何位置都可以访问 80 端口和 22 端口。

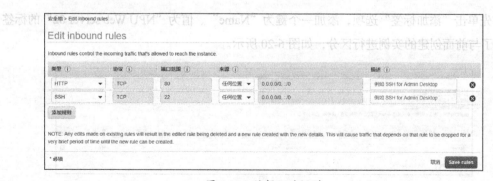

图 6-18 编辑入站规则

若要通过 SSH 访问 NAT 实例，则需要对 NAT 实例所关联的安全组进行配置，允许外部 IP 地址访问，而默认状态下是不允许外部 IP 地址访问的，即使该实例已经配置了 NPUAccess 密钥对，但是仍不能利用该密钥对且通过 SSH 远程访问 NAT 实例。

6.5 创建实例

创建实例的具体流程参考本书第 5 章公有云服务器实验（AWS）部分，其中，网络部分的配置需要修改，其他部分的配置不变。

6.5.1 配置实例详细信息

在配置实例详细信息时，其网络部分不采用默认配置，而选用 NPU Lab VPC，并且子网选择 NPU Public Subnet 02；自动分配公有 IP 地址，其他信息与第 5 章公有云服务实验（AWS）配置相同，最后单击"审核和启动"按钮，如图 6-19 所示。

图 6-19 配置实例详细

6.5.2 添加标签

首先单击"添加标签"选项，添加一个键为"Name"、值为"NPU Web server 02"的标签，这是为了与前面创建的实例进行区分，如图 6-20 所示。

图 6-20 添加标签

6.5.3 配置安全组

在配置安全组时，选择现有安全组，然后通过单击"选择一个现有的安全组"单选框，选择之前创建的安全组（NPU WEB Access SG），如图 6-21 所示。

图 6-21　配置安全组

6.5.4　审核与启动

在启动实例时，需要选择现有的密钥对，即选择 NPUAccess 密钥对，然后选中"确认"选项，最后单击"启动实例"按钮。待启动完毕后，实例界面如图 6-22 所示。

图 6-22　实例界面

6.6　Web 访问

从公有 DNS（IPv4）获取 Web 服务器的域名为 ec2-3-84-154-206.compute-1.amazonaws.com，IPv4 公有 IP 地址为 3.84.154.206，然后通过浏览器访问域名或者访问 IP 地址，如图 6-23 所示。

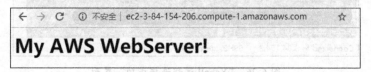

图 6-23　获取 Web 服务器的域名

6.7 远程 SSH 访问

使用 Xshell 进行远程 SSH 访问。首先指定远程实例的 IP 地址，选择 SSH 协议，如图 6-24 所示。其次，登录方式选择 Public Key，用户名指定为 ec2-user，用户 Key 通过浏览器选择创建密钥对时下载的 NPUAccess.pem 文件，然后指定 NPUAccess，如图 6-25 所示。

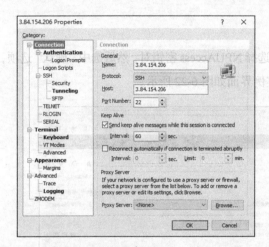
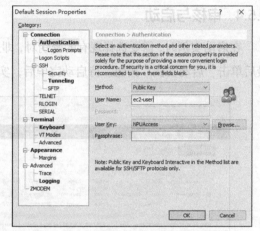

图 6-24　使用 Xshell 远程连接配置 IP 地址和 SSH 协议　　图 6-25　Xshell 远程连接的配置信息

最后单击 "OK" 按钮进行连接，远程接连成功后的界面如图 6-26 所示。

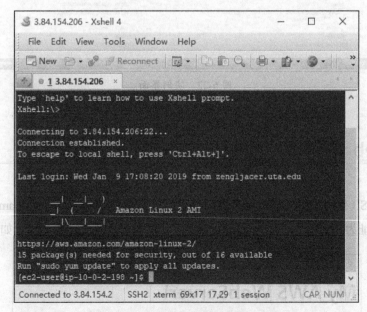

图 6-26　"Xshell 远程连接成功" 界面

6.8 思考题

1. 为什么要设计 VPC 机制，不同类型的 VPC 在使用场景上有何不同？
2. 对于第 6.5 节中创建的 Linux 实例，外部主机能否通过 SSH 访问该实例，该实例能否访问 Internet？

第7章 公有云存储配置实验（AWS）

7.1 实验准备

一、实验时间

小于 120 分钟。

二、实验目标

完成本次实验后，将掌握以下内容。

- 了解 AWS 服务的配置和使用方法。
- 学会使用 EBS 卷创建和恢复快照。
- 学会使用 S3 对象存储服务。

三、预备知识

在开始实验前，需要掌握以下内容。

- 对 Linux 系统有初步的了解，理解安装包等。
- 理解 S3、SSH 等协议。

四、预备工具

- 已安装支持 SSH 协议的终端 Xshell。
- 已创建 AWS EC2 Linux 实例（免费且远程 SSH 可访问）。

五、术语缩写

AWS：Amazon Web Service，亚马逊 Web 服务（或 Amazon 云服务）。

EC2：Elastic Compute Cloud，弹性云计算（Amazon 的云计算实例）。

S3：Simple Storage Solution，亚马逊对象存储服务。

EBS：Elastic Block Store，亚马逊块存储服务。

7.2 Linux 实例确认

7.2.1 查看实例的基本信息

通过 EC2 管理界面查看启动实例的基本信息，如图 7-1 所示。实例的公有 IP 地址为 3.84.112.71，密钥名称为 NPUAccess（需要持有创建密钥对时的 pem 文件），可用区为 us-east-1b，这些信息在实验后面会用到。

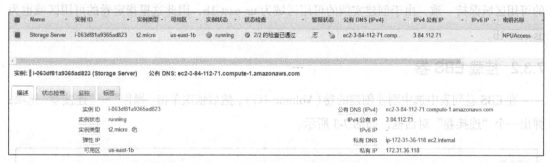

图 7-1　查看启动实例的基本信息

7.2.2 远程 SSH 访问确认

远程 SSH 访问采用 Xshell，具体的连接过程参考第 6 章的实验。若通过远程 SSH 访问图 7-1 中实例的公有 IP 地址，并通过 ec2-user 用户连接，则显示如图 7-2 所示的界面，此时说明可以访问，否则需要确认创建的实例是否可以通过远程 SSH 访问。

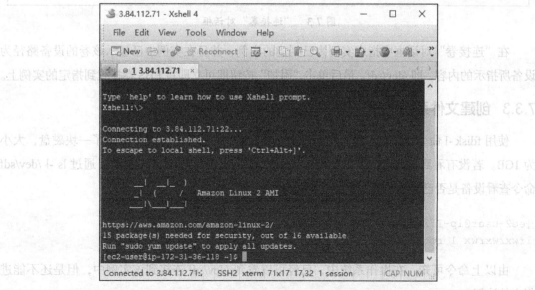

图 7-2　确认实例是否可以通过远程 SSH 访问

7.3 EBS 卷的创建和使用

7.3.1 创建 EBS 卷

在 EC2 管理界面的左侧菜单栏选择 "Elastic Block Store" 下的卷可查看现有的 EBS 卷，其中包含一个与已创建实例相关联的卷。这里创建一个大小为 1GB、类型为通用型 SSD（gp2）、可用区域为 us-east-1b、Name 为 Volume-1G 的卷。注意，卷的可用区域一定要与已创建的实例的可用区域保持一致，由于创建实例的可用区域为 us-east-1b，因此这里指定卷的可用区域也为 us-east-1b。

7.3.2 挂载 EBS 卷

在 EBS 卷列表中选中刚才创建的卷（Volume-1G），然后依次单击 "操作"— "连接卷" 选项，弹出一个 "连接卷" 对话框，如图 7-3 所示。

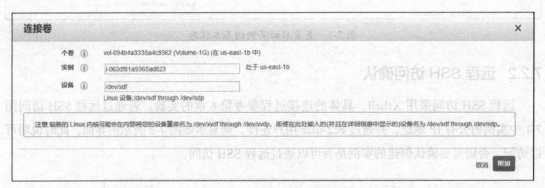

图 7-3 "连接卷" 对话框

在 "连接卷" 对话框中指定实例为已创建的实例，并且在实例中已显示该卷的设备路径为设备所指示的内容，即 /dev/sdf。最后单击 "附加" 按钮即可立即将 EBS 卷挂载到指定的实例上。

7.3.3 创建文件系统

使用 fdisk -l 命令可以查看系统中有多少个块设备，可以看到系统中新增了一块磁盘，大小为 1GB。若没有看到该磁盘，则需要检查第 7.3.2 节的 EBS 卷是否正常挂载。通过 ls -l /dev/sdf 命令查看设备是否已经挂载到实例中，相关命令如下。

```
[ec2-user@ip-172-31-36-118 ~]$ ls -l /dev/sdf
lrwxrwxrwx 1 root root 4 Jan  9 19:12 /dev/sdf -> xvdf
```

由以上命令可知，在操作系统中，已经可以看到 /dev/sdf 连接到该实例中，但是还不能进行文件访问。

执行 df -h 命令可显示当前可用的存储,相关命令如下。

```
[ec2-user@ip-172-31-36-118 ~]$ df -h
Filesystem      Size  Used Avail Use% Mounted on
devtmpfs        476MB    0 476MB   0% /dev
tmpfs           493MB    0 493MB   0% /dev/shm
tmpfs           493MB 444kB 493MB   1% /run
tmpfs           493MB    0 493MB   0% /sys/fs/cgroup
/dev/xvda1      8.0GB 1.2GB 6.9GB  15% /
tmpfs            99MB    0  99MB   0% /run/user/1000
tmpfs            99MB    0  99MB   0% /run/user/0
```

从以上结果可以看出,只有原始的 8GB 的 EBS 卷挂载到了文件系统中,而新挂载的大小为 1GB 卷还未挂载到文件系统中。

在新卷上创建文件系统,相关命令如下。

```
sudo mkfs -t ext3 /dev/sdf
```

挂载文件系统的相关命令如下。

```
sudo mkdir /mnt/newdata
sudo mount /dev/sdf /mnt/newdata
```

再次查看可用存储,其相关命令如下。

```
[ec2-user@ip-172-31-36-118 ~]$ df -h
Filesystem      Size  Used Avail Use% Mounted on
devtmpfs        476MB    0 476MB   0% /dev
tmpfs           493MB    0 493MB   0% /dev/shm
tmpfs           493MB 444kB 493MB   1% /run
tmpfs           493MB    0 493MB   0% /sys/fs/cgroup
/dev/xvda1      8.0GB 1.2GB 6.9GB  15% /
tmpfs            99MB    0  99MB   0% /run/user/1000
tmpfs            99MB    0  99MB   0% /run/user/0
/dev/xvdf       976MB 1.3M 924MB   1% /mnt/newdata
```

可以看出新的卷已经挂载到 /mnt/newdata 中,用户可通过 /mnt/newdata 路径对新加的卷进行文件访问了。

7.4 创建和使用快照

首先对新创建的卷创建快照。快照是对于指定数据集合的一个完全可用复制,该复制包括相应数据在某个时间(复制开始时间点)的映像。快照的主要作用是能够进行数据的在线备份与恢复。

7.4.1 向卷中写数据

首先在新的卷中创建一个 test.txt 文件，并显示其内容，相关命令如下。

```
sudo chmod -R 777 /mnt/newdata
cd /mnt/newdata
echo "this is a test." >test.txt
cat test.txt
```

7.4.2 对 EBS 卷创建快照

在 EBS 卷列表中选中新创建的卷，然后单击"创建快照"选项，弹出如图 7-4 所示的对话框。

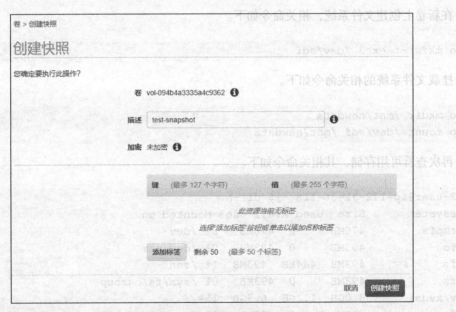

图 7-4 "创建快照"对话框

然后单击"创建快照"按钮，新建的快照就可以在快照列表中显示了。

7.4.3 删除数据

删除刚才创建的 test.txt 文件，这时在当前状态下的新卷中就看不到该文件了，相关命令如下。

```
rm /mnt/newdata/test.txt
```

7.4.4 恢复快照

在快照列表中选中创建的快照，然后单击"创建卷"选项，弹出如图 7-5 所示的对话框。

图 7-5 "创建卷"对话框

在快照上创建新卷时，可重新指定新卷的类型和大小，并选择不同的可用区域，这样新卷可挂载到其他实例中。当然，也可以选择相同的可用区域，即挂载到原来的实例中，这里选择相同的可用区域。然后单击"创建卷"按钮，即可创建键为"Name"、值为"Volume-1G-restore"的新卷，并且显示在 EBS 卷列表中。若要查看恢复的快照，则需要重新将对应的卷挂载到实例中。

7.5 使用对象存储 S3

在 AWS 管理控制台的"服务"菜单上，单击"S3"选项，进入对象存储管理界面，可以在创建存储桶后上传和下载文件，其原理与华为对象存储和阿里对象存储类似，相关内容不再赘述。

7.6 思考题

1. 请验证快照恢复后数据的正确性并写出验证的详细步骤。
2. 请利用 AWS S3 服务上传和下载文件，并探讨在创建存储桶时如何提高下载的效率。

第 8 章 开源私有云计算系统简介

8.1 OpenStack 是什么

OpenStack 诞生于 2010 年，从第 1 版 Austin 到 2018 年 8 月发布的 Rocky，先后共发布了 18 个版本，OpenStack 已经成为应用最广的开源云计算管理平台。OpenStack 是一个云操作系统，可控制整个数据中心的大型计算、存储和网络资源池。所有这些操作都通过仪表板（Dashboard）进行，管理员可以控制和查看资源，同时用户能够通过 Web 界面配置资源。目前，OpenStack 可提供对象存储、文件存储和块存储的访问接口，并且可以提供虚拟机、容器和物理服务器三种类型的云计算服务。图 8-1 是 OpenStack 提供的访问接口和服务类型。

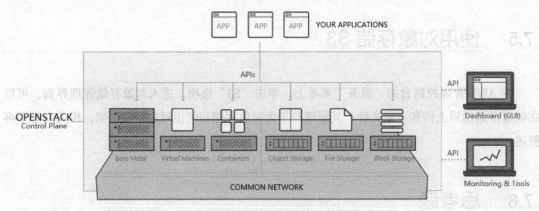

图 8-1　OpenStack 提供的访问接口和服务类型

云操作系统可以提供 4 个方面的管理功能：①资源接入与抽象：将各种服务器、网络和存储设备等硬件资源，通过虚拟化的方式接入云计算系统，虚拟化技术将其抽象为不同类型的资源池，供云操作系统管理和分配；②资源分配和调度：按照租户的请求和配额限制，将资源分配给不同的租户及其应用；③系统管理维护：协助系统管理员对云计算系统进行监控、管理和运维；④人机交互：提供操作界面，供管理员和租户使用。

8.2 OpenStack 的历史

OpenStack 是一个由 NASA（美国国家航空航天局）和 Rackspace 合作研发并发起的，以 Apache 许可证授权的自由软件和开放源代码项目。第一届 OpenStack 峰会于 2010 年 7 月 13 ～ 14 日，在奥斯汀举办。2010 年 7 月 21 日，在波兰举办的 OSCON 大会上，Rackspace 和 NASA 携手其他 25 家公司启动了 OpenStack 项目。

OpenStack 的使命是"通过易于实施和大规模扩展，生产无处不在的开源云计算平台，以满足公有云和私有云的需求"。OpenStack 遵循 Apache License 2.0 协议进行开源，基本每半年发布一个新版本。OpenStack 的版本名称首字母按照英文字母顺序排列，如 Austin、Bexar、Cactus、Diablo 等，最新版本是 2018 年 8 月份发布的 Rocky。OpenStack 峰会是开发者社区的盛会，任何人都可以提出需求供社区讨论。在开源社区的支持下，OpenStack 的发展非常迅速，先后支持了虚拟机、容器（Container）和裸金属服务器（Bare Metal Server）。其中，容器可以看成更轻量级的虚拟化平台；裸金属服务器为单租户提供专属的物理服务器，具有更好的计算性能，能够同时满足核心应用场景对高性能和稳定性的需求，并且可以与虚拟私有云等其他云产品灵活地结合使用，该服务器综合了传统托管主机的稳定性与云上资源高度弹性的优势。

8.3 OpenStack 的组成

OpenStack 是向租户提供基础架构服务的平台，为网络资源提供管理、调度和分配等功能。Nova、Glance 和 Neutron 这三个模块可以管理资源，这三个模块也是 OpenStack 最早开发的模块。除此之外，Keystone 模块提供了认证服务，Horizon 模块提供了用于管理的 GUI 界面。各个模块独立运行，通过 HTTP 协议上的 REST API 进行协作。服务使用者（客户端）和服务提供者（服务器）之间的交互是无状态的。从客户端到服务器的每个请求都必须包含理解请求所必需的信息。若服务器在请求之间的任何时间点重启，则客户端都不会得到通知，图 8-2 为 OpenStack 架构图。

Keystone：OpenStack 的鉴权（Identify）模块，为其他模块提供认证服务。它在数据库中建立用户（User）、角色（Role）、Tenant、服务（Service）、Endpoint 以及其相互之间的对应关系。Tenant 在 OpenStack 早期版本中称为 Project，是一个独立的资源容器。每个 Tenant 都可以定义独立的 VLAN、Volumes、Instances、Images、Keys 和 Users 等。服务指的是 OpenStack 提供的各种服务（Network、Volume、Image、Identify、Compute、Swift）。Endpoint 是指各服务的内部、外部及管理接口地址（REST API）。

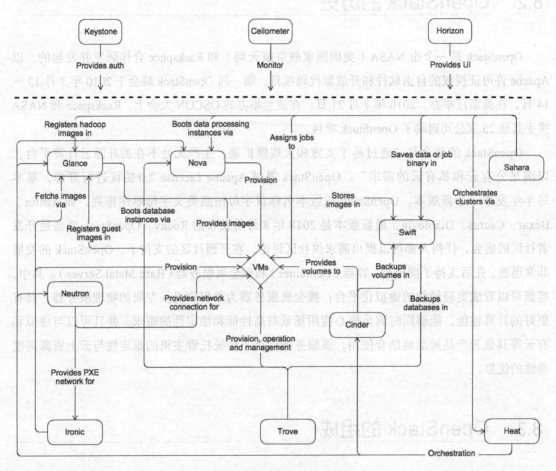

图 8-2　OpenStack 架构图

Glance：OpenStack 镜像服务组件，它提供虚拟机镜像的发现、注册和传输等服务。Glance 本身并不对镜像进行存储，它只是一个代理，充当了镜像存储服务与 OpenStack 其他组件之间的纽带。Glance 支持两种镜像存储机制：简单文件系统和 Swift 服务存储镜像机制。简单文件系统是指将镜像保存在 Glance 节点的文件系统中，这种机制相对比较简单，但存在不足，如由于没有备份机制，文件系统损坏时将导致所有的镜像不可用；Swift 服务存储镜像机制是指将镜像以对象的形式保存在 Swift 对象存储服务器中，由于 Swift 具有非常健壮的备份还原机制，因此可以减少因为文件系统损坏而造成的镜像不可用情况。Glance 服务支持多种格式的虚拟磁盘镜像，其中包括 raw/qcow2、VHD、VDI、VMDK、OVF、kernel 和 ramdisk。另外，可以把 Glance 当成一个对象存储代理服务，并且可以通过 Glance 存储任何其他格式的文件。

Nova：OpenStack 的核心模块之一，在 OpenStack 的早期版本中大部分的云系统管理功能都是由该模块负责管理的。后来随着 OpenStack 功能的增加，开发社区把存储管理、网络虚拟化管理等部分分离出来，目前，该模块主要负责云虚拟机实例（Instance 或 Virtual Machine）的生成、监测、终止等。

Neutron：OpenStack 的网络管理组件，是 OpenStack 的核心组件之一。该模块最开始是 Nova 的一部分，称为 Nova-Network，后来从 Nova 中分离出来，前期的名字为 Quantum（量子），后来由于商业名称权的原因改为了 Neutron（中子）。该模块具有创建子网和路由以及为虚拟机实例分配 IP 地址等功能，它可以同时支持多种物理网络类型，如 Linux Bridge、Hyper-V 和 OVS Bridge 计算节点共存。通过软件定义网络（Software Defined Network，SDN）支持虚拟网络和防火墙等服务。

Horizon：OpenStack 的用户管理接口（User Interface，UI），也称为仪表盘（Dashboard）组件。它是一个搭建在 Apache 上的 Web 程序，使用 Python 的 Django 框架。对云计算平台的操作都可以通过 Horizon 查看、申请、管理和释放云计算平台的各种资源。

除上述必需的组件外，Cinder 模块提供 OpenStack 块存储服务。该管理模块原来也是 Nova 的一部分，即 Nova-Volume，自 Folsom 版本开始，使用 Cinder 模块独立管理块存储服务。具体地说，Cinder 是云存储服务的调度与监控模块，它需要与网络文件系统（如 NFS、Ceph 等）配合使用。Swift 是 OpenStack 的对象存储服务，目前，OpenStack 直接利用 Ceph 提供对象存储服务。Ceilometer 是资源监控模块，Heat 模块用于云计算系统的部署，Shahara 模块用于大数据系统的部署。

在本书后续的章节中，通过相关实验依次安装 Keystone 模块、Glance 模块、Nova 模块、Neutron 模块和 Horizon 模块，并使用命令行和 Web UI 创建、管理虚拟机资源。

8.4 OpenStack 的使用

在已安装的 OpenStack 云计算平台上，用户访问由 Horizon 模块提供的 Web 管理界面，登录时经 Keystone 模块授权后获得令牌（Token），然后通过 Horizon 模块将 REST API 转发到对应的服务申请中并使用各种虚拟机资源。创建虚拟机的过程包括指定虚拟机的实例配置、指定虚拟机启动的镜像（此处使用 Glance 模块的镜像管理）和指定虚拟机的 IP 地址和网络（此处使用 Neutron 模块的网络管理功能），然后由 Nova 模块整合所有的资源，并创建虚拟机，同时在 Horizon 模块界面返回给用户相关信息。

私有云计算系统的使用方式与公有云计算系统的使用方法类似。用户在完成虚拟机的创建后，可以直接通过 Horizon 虚拟化平台提供的图形化转发协议在网页上直接查看虚拟机的界面，也可以通过 SSH 等协议直接连接虚拟机使用。

8.5 OpenStack 的学习资源

本部分实验学习的内容是 OpenStack 的部署和安装，内容有一定难度。读者可以从 OpenStack 官网或者论坛查找相关参考资料。如需要深入学习 OpenStack 相关的设计与实现可以参考《OpenStack 设计与实现（第 2 版）》和《深入浅出 Neutron：OpenStack 网络技术》等其他相关书籍。

1. OpenStack 的官方网站是 https://www.openstack.org/，其中包括 OpenStack 的安装说明和使用文档等。

2. OpenStack 相关的公司提供了很多线上或线下的课程，包括 HP、Linux Academy、国内的九州云等。课程详细列表请参考 https://www.openstack.org/marketplace/training/。

3. OpenStack 也提供相应的技术认证（Certified OpenStack Administrator，COA），认证价格为 300 美元，学生的认证价格为 150 美元，其参考网址为 https://www.openstack.org/coa。

第 9 章 私有云计算实验环境准备（Windows 平台）

VMware 实验环境准备

9.1 实验准备

本实验的目的是安装 OpenStack 所需的多台虚拟机，若有多台物理机可用于 OpenStack 的部署且满足需求，则可忽略本节内容。

若准备进行实验的机器运行的是 Windows 操作系统，则使用 VMware 作为虚拟化平台部署安装多台虚拟机；若准备进行实验的机器运行的是 Linux 操作系统，则使用 KVM 作为虚拟化平台部署安装多台虚拟机。VMware 和 KVM 的虚拟化环境选择一个进行实验即可。

一、实验时间

小于 120 分钟。

二、实验目标

完成本次实验后，将掌握以下内容。

- 安装 Ubuntu。
- 在 Ubuntu 上部署 KVM 虚拟化平台。
- 利用 Virt-Manager 安装部署虚拟机。
- 创建 OpenStack 所需的虚拟环境。

三、预备知识

在开始实验前，需要掌握以下内容。

- 安装 Xshell 等支持 SSH 的终端工具。
- 学习 Ubuntu 系统中软件源的设置。
- 对 Linux 系统有初步的了解，理解安装包、编辑命令 vi 等。
- 了解计算机网络中子网及网关等概念。

四、准备工作

常见的 UNIX 版本有 AIX-IBM、HP-UX、Solaris 和 Linux，其中 Linux 有众多的发行版本，包括 Ubuntu、Debian、Red Hat、CentOS 和 Federa 等，还有国内的麒麟操作系统等。不同发行版本的 Linux 命令、安装包和图形化界面有所差异。本次实验采用的操作系统是 Ubuntu 16.04（http://www.ubuntu.com/），可以从官方网站或国内的镜像下载，还可以通过教育网源（百度搜索 Ubuntu 16.04 教育网源，即可获得清华大学、中国科技大学等高校的镜像）下载 ISO 镜像进行安装。

注：本实验假定实验者的实验环境在教育网内，教育网资源下载速度快并且资源免费。而且已经有一台安装了 Windows 的服务器或 PC。

相关延伸阅读：

十款最常见的 Linux 发行版本：http://os.51cto.com/art/201307/404309.htm。

如何选择最适合自己的 Linux 发行版本：http://os.51cto.com/art/201108/279911.htm。

9.2 实验 1：安装 VMware Workstation 14

安装 VMware Workstation 14 的具体步骤如下。

（1）前往 VMware 官方网址下载 VMware Workstation 14 安装包（下载网址：https://my.vmware.com/web/vmware/info/slug/desktop_end_user_computing/vmware_workstation_pro/14_0），其下载页面如图 9-1 所示。

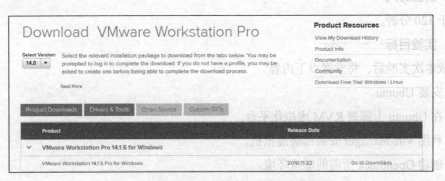

图 9-1　VMware Workstation 14 的下载页面

（2）单击图 9-1 中的 "Go to Downloads" 按钮进行下载。下载成功后将会得到一个后缀名为 .exe 的可执行程序，如图 9-2 所示。

图 9-2　VMware Workstation 可执行程序

（3）下载完成后，双击该可执行程序，将进入安装向导，如图9-3所示。

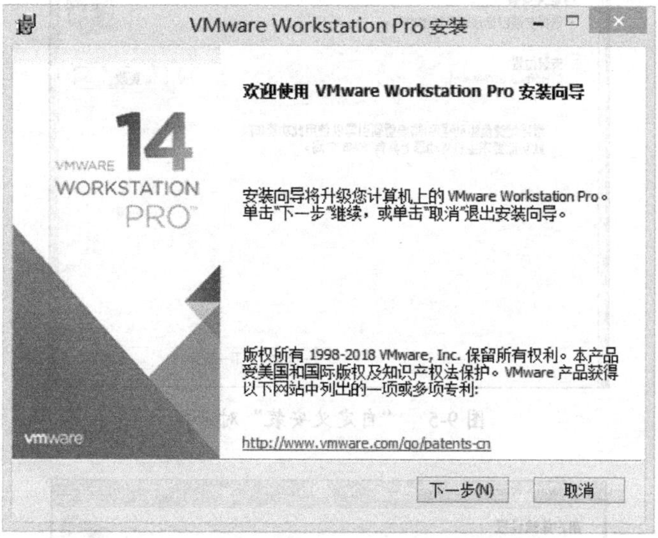

图9-3　VMware Workstation Pro 安装向导

（4）单击"下一步"按钮，弹出如图9-4所示的对话框，勾选"我接受许可协议中的条款"单选框。

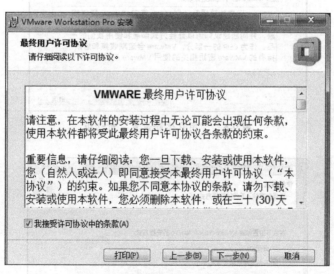

图9-4　"最终用户许可协议"对话框

（5）单击"下一步"按钮，并选择相应的安装位置，如图9-5所示。

（6）继续单击"下一步"按钮，并配置相应的设置，如图9-6和图9-7所示。

（7）最后单击"安装"按钮，VMware Workstation 开始安装，如图9-8所示。整个安装过程大概需要 5～6 分钟。

（8）安装完成后，在弹出的窗口中单击"许可证"按钮，并输入相应的许可证，如图9-9所示。

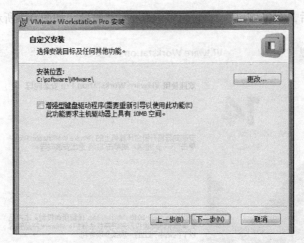

图 9-5 "自定义安装"对话框

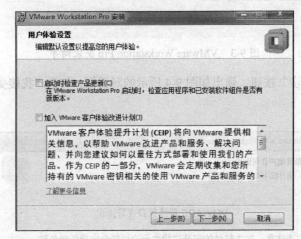

图 9-6 "用户体验设置"对话框

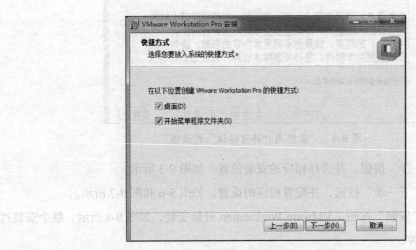

图 9-7 "快捷方式"对话框

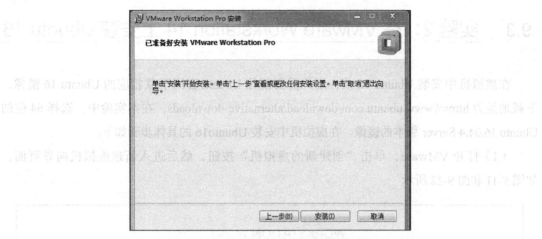

图 9-8　开始安装 VMware Workstation

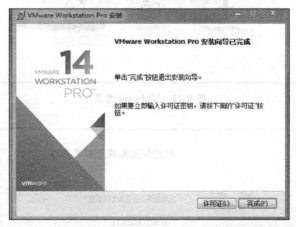

图 9-9　"VMware Workstation Pro 安装向导已完成"界面

（9）在 VMware Workstation 的许可证密钥输入框中立刻输入密钥或以后再输入密钥，然后单击"输入"按钮或"跳过"按钮，如图 9-10 所示。

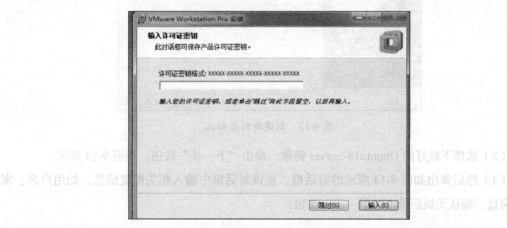

图 9-10　"输入许可证密钥"对话框

9.3 实验2：在 VMware Workstation 14 上安装 Ubuntu 16

在虚拟机中安装 Ubuntu 16 前，用户需要前往 Ubuntu 官网下载相应的 Ubuntu 16 镜像，下载地址为 https://www.ubuntu.com/download/alternative-downloads。在本实验中，选择 64 位的 Ubuntu 16.04.4 Server 版本的镜像。在虚拟机中安装 Ubuntu16 的具体步骤如下。

（1）打开 VMware，单击"创建新的虚拟机"按钮，然后进入新建虚拟机向导页面，如图 9-11 和图 9-12 所示。

图 9-11　VMware 首页

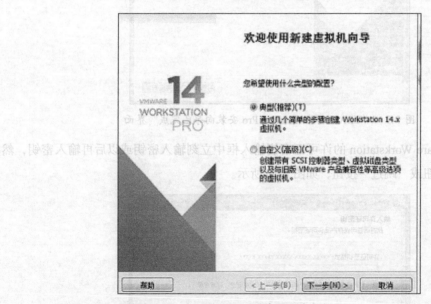

图 9-12　创建新的虚拟机

（2）选择下载好的 Ubuntu16-Server 镜像，单击"下一步"按钮，如图 9-13 所示。

（3）然后弹出如图 9-14 所示的对话框，在该对话框中输入相关配置信息，如用户名、密码等信息，确认无误后单击"下一步"按钮。

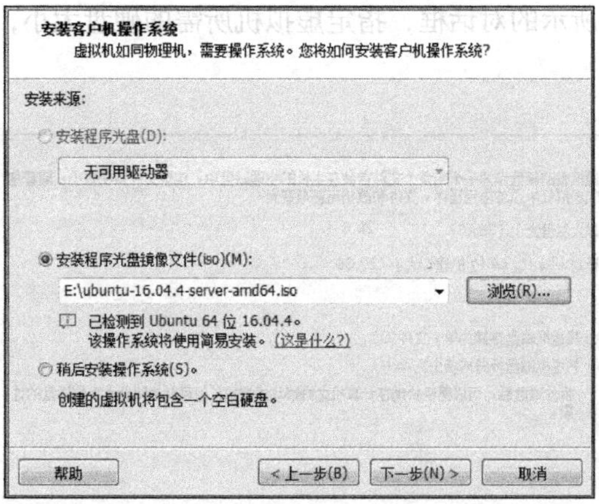

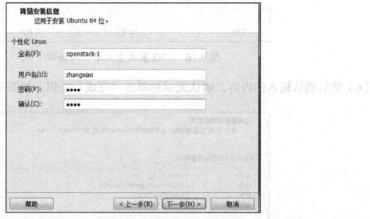

图 9-13　选择镜像文件安装的位置

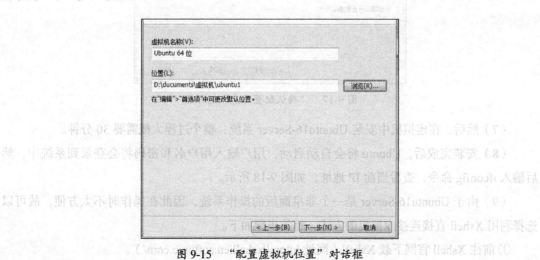

图 9-14　"配置虚拟机相关信息"对话框

（4）弹出如图 9-15 所示的对话框，输入虚拟机的名称，同时选择虚拟机所在的位置，然后单击"下一步"按钮。

图 9-15　"配置虚拟机位置"对话框

（5）弹出如图9-16所示的对话框，指定虚拟机所需的硬盘大小，一般默认为20GB。然后单击"下一步"按钮。

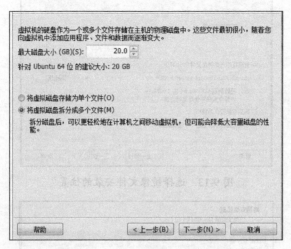

图9-16 "设置硬盘大小"对话框

（6）然后确认输入的内容，确认无误后单击"完成"按钮，如图9-17所示。

图9-17 "确认配置信息"对话框

（7）然后，在虚拟机中安装Ubuntu16-Server系统，整个过程大概需要30分钟。

（8）安装完成后，Ubuntu将会自动启动，用户输入用户名和密码将会登录到系统中，然后输入ifconfig命令，查看当前IP地址，如图9-18所示。

（9）由于Ubuntu16-Server是一个非桌面版的操作系统，因此在操作时不太方便，故可以选择利用Xshell直接连接虚拟机的方式，相关步骤如下。

① 前往Xshell官网下载Xshell（网址 https://xshell.en.softonic.com/）。

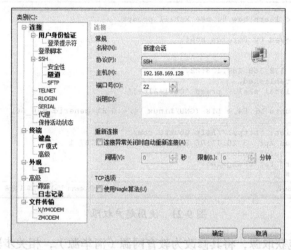

图 9-18 查看 IP 地址

② 单击下载好的可执行文件,然后进行安装。安装完成后打开 Xshell,新建一个连接,输入相应的连接属性,并保存连接,如图 9-19 所示。

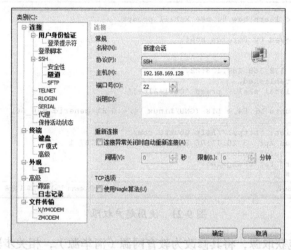

图 9-19 "连接属性配置"对话框

③ 打开新建的连接,第一次连接时需要输入用户名和密码,连接成功后会显示如图 9-20 所示的内容。

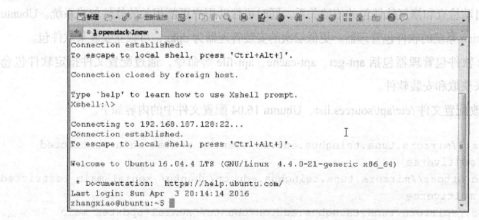

图 9-20 Xshell 成功连接虚拟机

若提示 Xshell 连接被拒绝，则原因可能是未安装 Openssh Server。在 VMware 的界面中登录系统后，可使用如下命令安装 Openssh Server。提示：可以通过 Alt+Ctrl 组合键在 VMware 虚拟机和主机之间切换。

```
#apt-get install openssh-server
```

以下操作需要使用超户权限，通过使用 sudo -s 命令，并输入正确的密码即可得到超户权限。超户命令提示符为 #，普通用户命令提示符为 $，如图 9-21 所示。

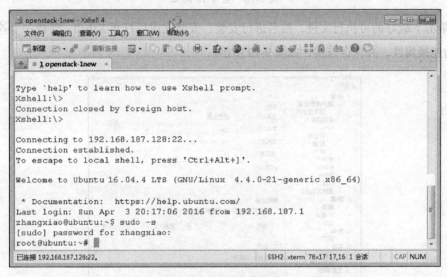

图 9-21　使用超户权限

（10）修改安装包获取源，将其修改为教育网源（清华源），相关步骤如下。

① 打开清华源网址（https://mirrors.tuna.tsinghua.edu.cn/help/ubuntu/），选择 Ubuntu 的版本，获取对应版本的源。

② 由于系统中软件包之间存在复杂的依赖关系，因此 Debian 开发了 apt 软件包管理工具。这些工具可自动检查和修复软件包的依赖关系，同时可帮助用户更新相关的软件包或系统。Ubuntu 采用了 Debian 系统的软件包管理器。更低层次的安装管理器为 dpkg，可独立安装某软件包。

③ apt 软件包管理器包括 apt-get、apt-cache、apt-file 等命令，通过配置文件指定软件包仓库的位置来获取和安装软件。

④ 修改配置文件 /etc/apt/sources.list，Ubuntu 16.04 配置文件中的内容如下。

```
deb https://mirrors.tuna.tsinghua.edu.cn/ubuntu/ xenial main restricted universe multiverse
# deb-src https://mirrors.tuna.tsinghua.edu.cn/ubuntu/ xenial main restricted universe multiverse
deb https://mirrors.tuna.tsinghua.edu.cn/ubuntu/ xenial-updates main restricted universe multiverse
```

```
# deb-src https://mirrors.tuna.tsinghua.edu.cn/ubuntu/ xenial-updates main
restricted universe multiverse
deb https://mirrors.tuna.tsinghua.edu.cn/ubuntu/ xenial-backports main
restricted universe multiverse
# deb-src https://mirrors.tuna.tsinghua.edu.cn/ubuntu/ xenial-backports main
restricted universe multiverse
deb https://mirrors.tuna.tsinghua.edu.cn/ubuntu/ xenial-security main
restricted universe multiverse
# deb-src https://mirrors.tuna.tsinghua.edu.cn/ubuntu/ xenial-security main
restricted universe multiverse
# deb https://mirrors.tuna.tsinghua.edu.cn/ubuntu/ xenial-proposed main
restricted universe multiverse
# deb-src https://mirrors.tuna.tsinghua.edu.cn/ubuntu/ xenial-proposed main
restricted universe multiverse
```

> 在修改源前需要先将 sources.list 备份，然后编辑一个新的 sources.list 文件，并将教育网源写入该文件中，相关命令如下。

```
#cd /etc/apt
#mv sources.list sources.list.ori
#vi sources.list
```

⑤更新源信息并升级软件包，相关命令如下。

```
#apt-get update
#apt-get upgrade
```

（11）安装 KVM，相关命令如下。

```
#apt-get install kvm
```

（12）验证虚拟机是否支持 KVM，相关命令如下。

```
root@ubuntu:/tmp/images# kvm-ok
INFO: /dev/kvm exists
KVM acceleration can be used
```

若出现以下提示，则需要设置 VMware 虚拟机的 CPU，确保虚拟机支持 KVM。

```
root@controller:~# kvm-ok
INFO: Your CPU does not support KVM extensions
KVM acceleration can NOT be used
```

在虚拟机的设置中，单击"处理器"选项，并勾选"虚拟化 Intel VT-x/EPT 或 AMD-V/RVI（V）"单选框，使虚拟机的虚拟 CPU 也具有虚拟化的能力，如图 9-22 所示。

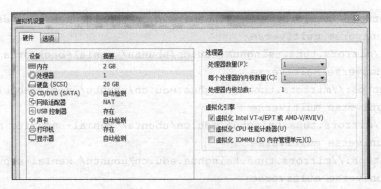

图 9-22 "虚拟机设置"对话框

（13）安装完毕后，使用 shutdown -h 0 命令关闭虚拟机，相关命令如下。

```
root@ubuntu:~# shutdown -h 0
root@ubuntu:~#
Broadcast message from zhangxiao@ubuntu
       (/dev/pts/1)at 20:37 .

The system is going down for halt NOW!

Connection closed by foreign host.
```

9.4 实验 3：安装 OpenStack 的准备工作

在 OpenStack 官网（http://www.openstack.org/）上搜索 OpenStack 在 Ubuntu 上的安装手册，即 OpenStack Installation Guide for Ubuntu 16.04，并下载其 PDF 版本的文件。

（1）在 VMWare 中单击菜单栏中的"虚拟机"选项卡，再单击"管理"菜单项，然后单击"克隆"选项，如图 9-23 所示。

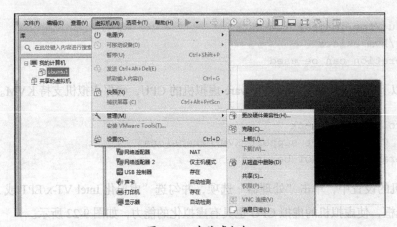

图 9-23 克隆虚拟机

第9章 | 私有云计算实验环境准备（Windows 平台）

（2）按提示逐步安装，在克隆类型上勾选"创建完整克隆"单选框，如图 9-24 所示。

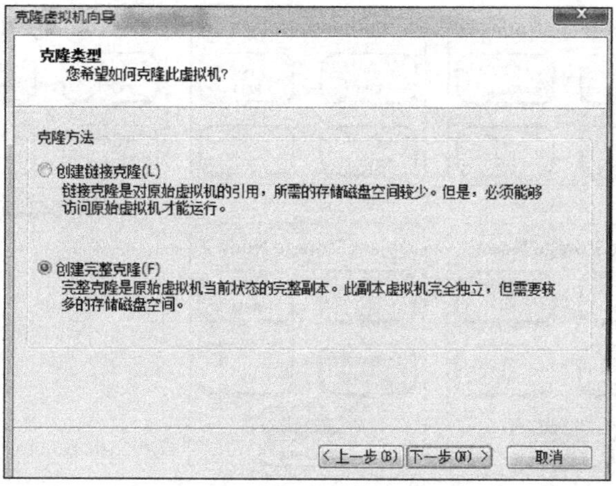

图 9-24 "克隆虚拟机向导"对话框

（3）为新的虚拟机命名，并选择虚拟机位置。选择完成后，单击"完成"按钮，整个克隆过程需要 1～2 分钟，如图 9-25 所示。

图 9-25 配置克隆虚拟机名称和位置

（4）利用前述的方法将 Ubuntu 的软件源更换为国内教育网源并安装 KVM（方法与前面相同，此处不再赘述）。

（5）参考安装手册的内容，对克隆虚拟机的网络进行配置，其各节点的硬件要求如图 9-26 所示。

根据图 9-25 的配置可以增加任意多个网卡，另外，VMware 有多种网络模式，包括 NAT、仅主机（Host-Only）模式和桥接模式，其中 Host-Only 模式下只有主机可访问虚拟机网卡，桥接模式可用于虚拟机和外部网络相连。

另外，按照安装手册的说明安装 OpenStack 的软件库和技术环境等，并完成第 11 章的实验内容。

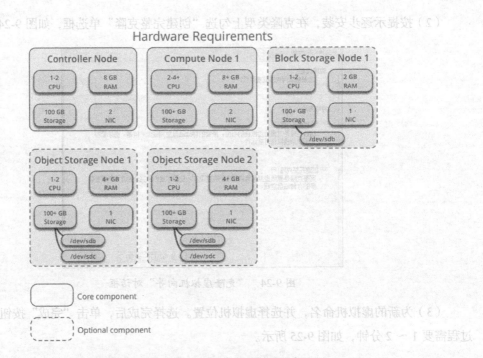

图 9-26 克隆虚拟机各节点的硬件要求

9.5 思考题

1. VMware 的网络连接模式（NAT 模式、Host-Only 模式、桥接模式）有什么区别？
2. 虚拟化有哪些优点和缺点？
3. 为什么说虚拟化是云计算的基础？

第10章 私有云计算实验环境准备（Linux 平台）

安装 KVM 及虚拟机

10.1 实验准备

本实验的目的是安装 OpenStack 所需的多台虚拟机，若有多台物理机可用于 OpenStack 的部署，则可忽略本节实验。

若准备进行实验的机器运行的是 Windows 操作系统，则使用 VMware 作为虚拟化平台部署安装多台虚拟机；若准备进行实验的机器运行的是 Linux 操作系统，则使用 KVM 作为虚拟化平台部署安装多台虚拟机。VMware 和 KVM 的虚拟化环境选择一个进行实验即可。

一、实验时间

小于 120 分钟。

二、实验目标

完成本次实验后，将掌握以下内容。

- 安装 Ubuntu。
- 在 Ubuntu 上部署 KVM 虚拟化平台。
- 利用 virt-manager 安装部署虚拟机。
- 创建 OpenStack 所需的虚拟环境。

三、预备知识

在开始实验前，需要掌握以下内容。

- 安装 Xshell 等支持 SSH 的终端工具。
- 学习 Ubuntu 系统中软件源的设置。
- 学习 Xshell 中 Xmanager 重定向的设置。
- 对 Linux 系统有初步的了解，理解安装包、编辑命令 vi 等。
- 安装支持 SSH 协议的终端。

四、准备工作

与第 9 章的准备工作相同，参考第 9.1 节中的内容。

10.2 实验 1：安装虚拟化平台 KVM

虚拟化技术是云计算的基础，目前主流的虚拟化平台包括 KVM（Kernel Virtual Machine）、Xen、VMware 和 Windows 的 HyperV 等。

在终端执行 #cat /proc/cpuinfo（或 #grep -E '（vmx|svm）' /proc/cpuinfo）命令，相关命令如下。在以下命令中找到 flags 部分，若输出中有 VMX 或 SVM，则表明支持虚拟化技术。VMX 表示 Intel 的 CPU，并且支持虚拟化技术；SVM 表示 AMD 的 CPU，并且支持虚拟化技术。

```
zx@NewServer1:~$ grep -E '(vmx|svm)' /proc/cpuinfo
flags           : fpu vme de pse tsc msr pae mce cx8 apic sep mtrr pge mca cmov
pat pse36 clflush dts acpi mmx fxsr sse sse2 ss ht tm pbe syscall nx pdpe1gb
rdtscp lm constant_tsc art arch_perfmon pebs bts rep_good nopl xtopology
nonstop_tsc cpuid aperfmperf tsc_known_freq pni pclmulqdq dtes64 monitor ds_
cpl vmx est tm2 ssse3 sdbg fma cx16 xtpr pdcm pcid sse4_1 sse4_2 x2apic movbe
popcnt tsc_deadline_timer aes xsave avx f16c rdrand lahf_lm abm 3dnowprefetch
cpuid_fault invpcid_single pti ssbd ibrs ibpb stibp tpr_shadow vnmi
flexpriority ept vpid ept_ad fsgsbase tsc_adjust bmi1 hle avx2 smep bmi2 erms
invpcid rtm mpx rdseed adx smap clflushopt intel_pt xsaveopt xsavec xgetbv1
xsaves dtherm ida arat pln pts hwp hwp_notify hwp_act_window hwp_epp flush_l1d
```

（1）在 Ubuntu 上安装 KVM，安装完成后查看 KVM 版本号，相关命令如下。

```
#apt-get install kvm
# kvm --version
QEMU emulator version 2.0.0(Debian 2.0.0+dfsg-2ubuntu1.10),Copyright
(c)2003-2008 Fabrice Bellard
```

（2）创建虚拟机安装镜像，raw 格式会生成 5GB 的空文件。若选择 qcow2 等格式创建文件，则不会生成 5GB 的空文件，其文件的大小随着数据增加而逐渐增加，相关命令如下。

```
root@openstack:~# qemu-img create -f raw rawdisk.img 5G
Formatting 'rawdisk.img',fmt=raw size=5368709120
root@openstack:~# ls -l
total 609284
-rw-r--r-- 1 root     root 5368709120 Apr  2 23:10 rawdisk.img
```

（3）启动虚拟机（Ubuntu 有图形化界面），相关命令如下。

```
root@openstack:~# kvm -hda rawdisk.img
```

因为该磁盘上无任何文件，所以启动后提示 No bootable devices。

（4）若 Ubuntu 有图形化界面，则会显示 KVM 的图形化界面；若 Ubuntu 没有图形化界面，则可通过 VNC 协议连接 KVM 虚拟机，相关命令如下。

```
root@openstack:~# kvm -hda rawdisk.img -vnc :1
```

其中，-vnc 命令可以启动 VNC 服务，并将虚拟机的输出结果定向输出到 VNC。根据 QEMU 的帮助文档，可知端口号为 5900+d，相关命令如下。注意：-vnc 与 :1 之间有一个空格。

```
-vnc display[,option[,option[,.]]]
        Normally,QEMU uses SDL to display the VGA
        output.  With this option,you can have
        QEMU listen on VNC display display and
        redirect the VGA display over the VNC
        session.
host:d
        TCP connections will only be allowed
        from host on display d.  By convention
        the TCP port is 5900+d. Optionally,
        host can be omitted in which case the
        server will accept connections from any
        host.
```

启动虚拟机后，使用 vncviewer 命令连接 Ubuntu 主机对应的端口，如图 10-1 所示。

图 10-1　使用 vncviewer 命令连接 Ubuntu 主机对应的端口

然后单击"OK"按钮，可查看虚拟机显示的信息，如图 10-2 所示。

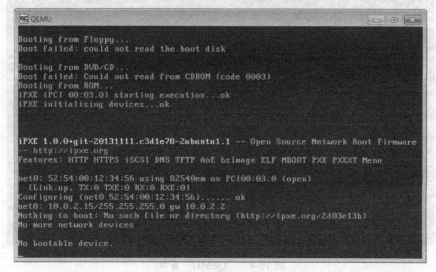

图 10-2　虚拟机显示的信息

（5）设置 Xshell 使其将显示的请求转发至 XManager，也可直接显示 KVM 虚拟机信息，如图 10-3 所示。

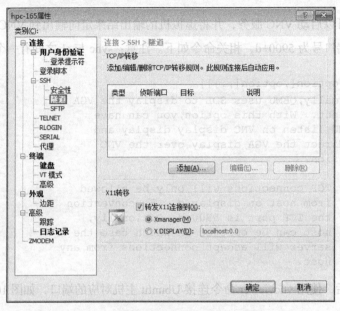

图 10-3　设置 Xshell

在 Xshell 连接的属性中，单击"隧道"选项，勾选"转发 X11 连接到 Xmanager"单选框。

在 Xshell 中直接启动 KVM，相关命令如下。弹出的"QEMU"窗口，如图 10-4 所示。

```
root@openstack:~# kvm -hda rawdisk.img
```

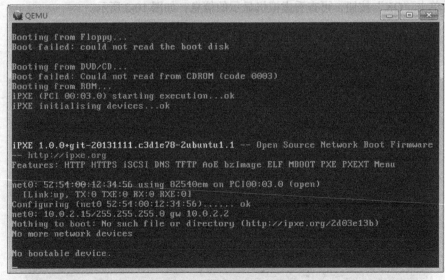

图 10-4　"QEMU"窗口

（6）上传一个操作系统安装镜像文件 ISO，相关命令如下。然后尝试安装该文件，安装成功后进入系统安装界面，如图 10-5 所示。

```
root@openstack:~# kvm -hda rawdisk.img -cdrom ./ubuntu-14.04.2-server-amd64.iso
```

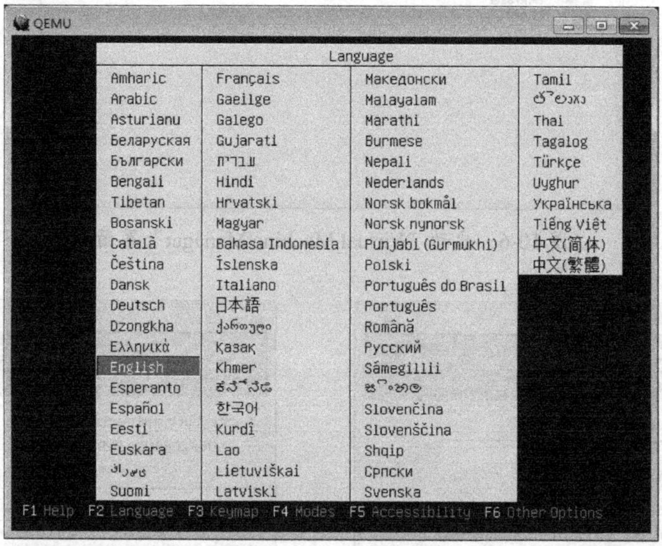

图 10-5　系统安装界面

在安装过程中到会出现"loading apt-mirror-setup failed for unknown reasons. Aborting"提示，尝试在相关网站上找到解决方案。提示：Ubuntu 最少需要 512MB 的内存，需要用 -m 命令指定更大的内存，相关命令如下。

```
root@openstack:~ # kvm -hda rawdisk.img-m 1024 -cdrom ./ubuntu-14.04.2-
server-amd64.iso
```

10.3　实验 2：安装虚拟化管理平台

除单独使用 kvm 命令外，可使用 virt-manager 命令或 virsh 命令来管理系统中的虚拟机。

（1）安装 KVM 虚拟化管理平台 Virt-Manager，相关代码如下。

```
root@openstack:~# apt-get install virt-manager
```

（2）启动 Virt-Manager，其界面如图 10-6 所示。

（3）创建一台虚拟机，其对话框如图 10-7 所示。

（4）分别指定安装镜像来源，其对话框如图 10-8 所示。

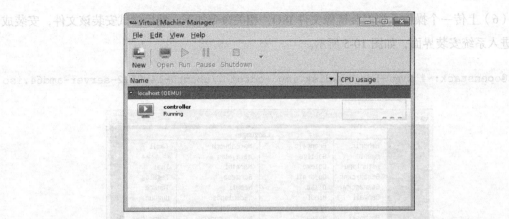

图 10-6 启动 "Virtual Machine Manager" 界面

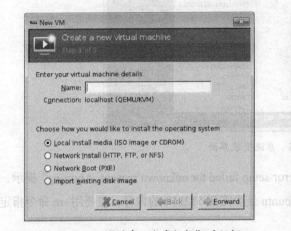

图 10-7 "创建一台虚拟机"对话框

图 10-8 "指定安装镜像来源"对话框

(5) 设置 CPU 和内存大小，其对话框如图 10-9 所示。

(6) 设置磁盘大小，其对话框如图 10-10 所示。

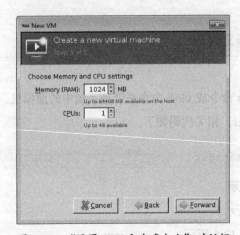

图 10-9 "设置 CPU 和内存大小"对话框

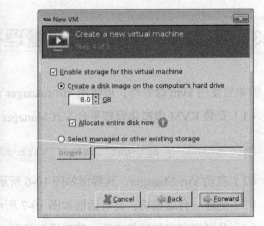

图 10-10 "设置磁盘大小"对话框

（7）单击"Finish"按钮完成虚拟机的配置，然后开始安装操作系统，如图 10-11 所示。

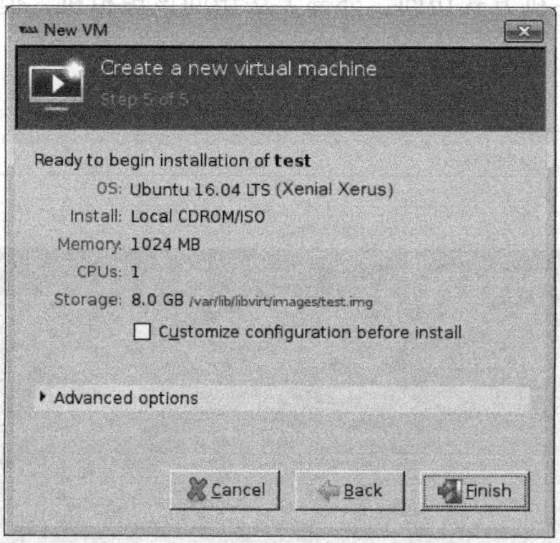

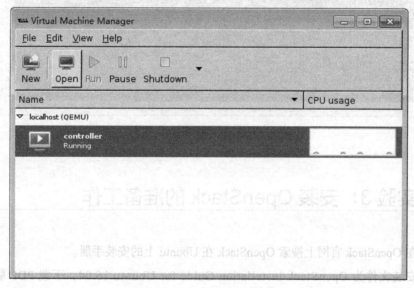

图 10-11　"完成配置虚拟机"对话框

（8）虚拟机安装完毕后，单击"Open"按钮即可打开对应的虚拟机，如图 10-12 所示。

图 10-12　打开对应的虚拟机

（9）然后使用对应的用户名和密码登录系统，如图 10-13 所示。

（10）虚拟机安装完成后，分别修改软件包源，如 apt-get update 和 apt-get upgrade 等。

（11）操作图形化界面的速度会比较慢，若只想用文本界面，则可在主机上运行 SSH 连接虚拟机，相关命令如下。

```
root@openstack:~# ssh zx@192.168.122.64
```

其中，zx 为虚拟机的用户名，192.168.122.64 为虚拟机的 IP 地址。注意，Guest 模式中的 KVM 网络仅能通过仅主机方式访问，外部无法访问该虚拟机，但是该虚拟机可以访问外部网络。

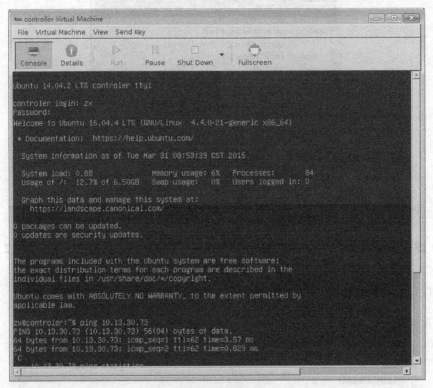

图 10-13　登录系统

10.4　实验 3：安装 OpenStack 的准备工作

（1）在 OpenStack 官网上搜索 OpenStack 在 Ubuntu 上的安装手册。

（2）安装文件为 OpenStack Installation Guide for Ubuntu 16.04，下载 PDF 版本的安装文件。

（3）准备两台虚拟机，既可以使用 Virtual Machine Manager 中的克隆功能，又可以使用 VMware 中的 Clone 功能使其中一台虚拟机为 Controller 节点，另一台虚拟机为 Compute 节点。

（4）在虚拟机中增加一个网卡，网卡 1 为 NAT 模式，网卡 2 为仅主机访问模式。

（5）创建的两台虚拟机镜像位于 /var/lib/libvirt/images 下，若空间不足，则可增加新的存储池。在 Edit 菜单中查看 Connection Details，可看到具体连接情况，如图 10-14 所示。

（6）参考安装手册的内容，对虚拟机进行网络配置，如图 10-15 所示。

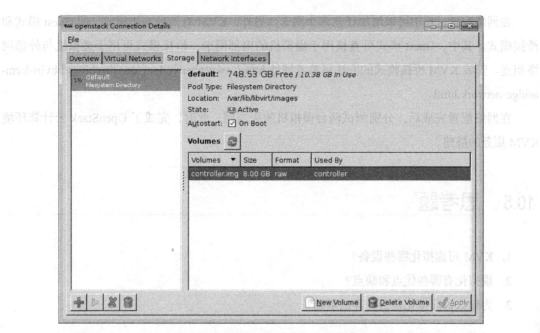

图 10-14　查看两台虚拟机的连接情况

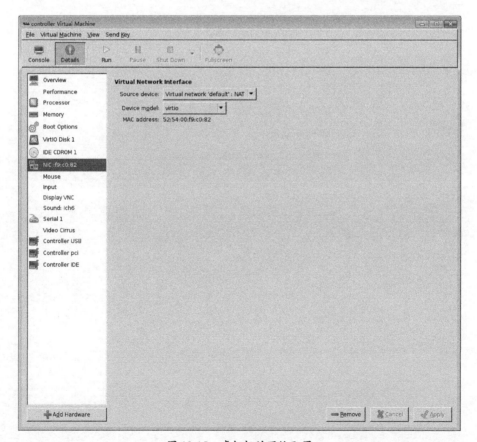

图 10-15　虚拟机的网络配置

在网络配置过程中可以增加任意多个网卡。另外，KVM 有两种网络模式，即 Guest 模式和桥接模式。其中，Guest 模式可直接用于虚拟机的内部网卡，桥接模式可用于虚拟机与外部网络相连。安装 KVM 桥接模式的方法可参考网址 http://www.chenyudong.com/archives/libvirt-kvm-bridge-network.html。

在网络配置完成后，分别测试两台虚拟机能否连网。此时，完成了 OpenStack 云计算环境 KVM 服务的搭建。

10.5 思考题

1. KVM 可虚拟化哪些设备？
2. 虚拟化有哪些优点和缺点？
3. 为什么说虚拟化是云计算的基础？

第 11 章 安装 OpenStack 的环境准备

16.04 环境准备

18.04 环境准备

11.1 实验准备

一、实验时间

小于 30 分钟。

二、预备知识

在开始实验前，必须具备以下实验环境。

- 已安装了 Ubuntu 和 KVM 虚拟化平台。
- 具有两台配置了网络接口的虚拟机。

三、实验准备

- 已经安装两台虚拟机的 Ubuntu 虚拟化环境。
- 若虚拟机无法访问 Internet 或连接速度过慢，则使用 apt-mirror 命令将软件仓库同步至本地。
- Xshell 中可使用重命名的方式修改 Tab 名，区分节点 Controller 和节点 Compute。

11.2 实验 1：网络环境配置

本实验将在第 9 章或第 10 章安装的虚拟机上配置 OpenStack 所需的网络环境，主要包括多个网卡的设置和主机设置等。

网络设置是 OpenStack 中最复杂的部分之一，主要有两种选择：一种是 Provider 网络；另一种是自助服务网络。

Provider 网络是一种简单的网络配置方式，提供 2 层（桥/交换机）服务，并且支持 VLAN。该网络将虚拟网络桥接至物理网络并依赖物理网络的 3 层服务。另外，Provider 网络提供一个

DHCP 服务为虚拟机分配 IP 地址。这种配置不支持自主服务，用户需要了解网络底层信息来创建与底层网络一致的虚拟网络。图 11-1 是 Provider 网络服务层次图，节点 Controller 上安装了 DHCP、元数据和网桥等代理，节点 Compute 上使用网桥代理方式连接到虚拟网络。

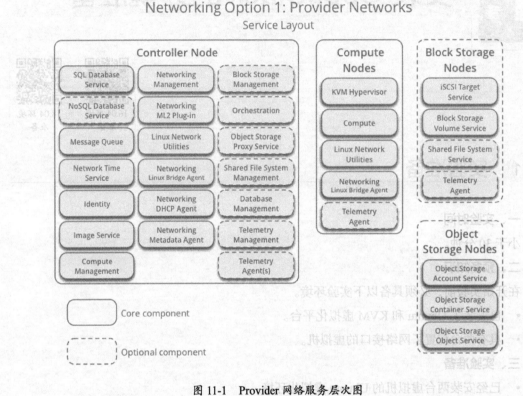

图 11-1 Provider 网络服务层次图

由于自助服务网络是一种支持 3 层服务的网络，因此它可以支持自主服务，如 VXLAN。这种方式下，虚拟网络将使用 NAT 路由至物理网络。在这种网络配置方式下，用户不需要了解网络底层信息，即可创建 VXLAN 和 VLAN。图 11-2 是自助服务网络服务层次图，节点 Controller 上安装了 DHCP、元数据、网桥和 L3 等代理，节点 Compute 上使用网桥代理连接到虚拟网络。OpenStack 网络组件的安装将在第 15 章讲解，本实验配置各节点的网络。Ubuntu 网络的配置方法可以参考 https://help.ubuntu.com/lts/serverguide/network-configuration.html。

所有节点都需要具有 Internet 访问以实现管理的目的，如包安装、安全更新、DNS 和 NTP。在大多数情况下，节点应该通过管理网络接口获得 Internet 访问。为了强调网络分离的重要性，示例架构使用专用地址空间来管理网络，并假设物理网络基础设施通过 NAT 或其他方法提供 Internet 访问。示例体系结构使用可路由的 IP 地址空间作为提供者（外部）网络，并假定物理网络基础结构提供直接的 Internet 访问。

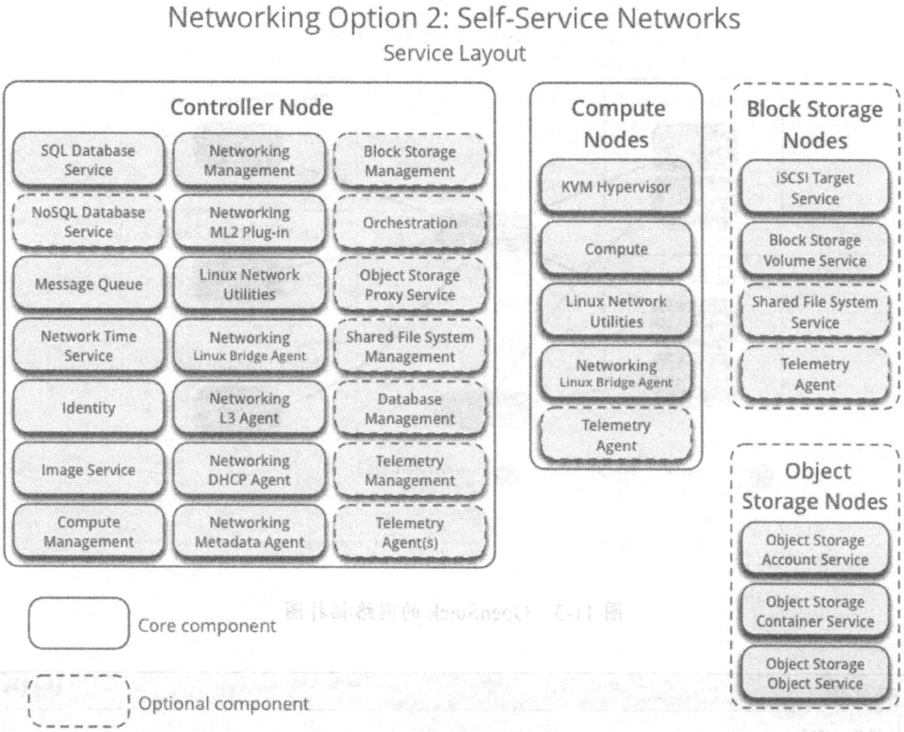

Networking Option 2: Self-Service Networks
Service Layout

Controller Node
- SQL Database Service
- NoSQL Database Service
- Message Queue
- Network Time Service
- Identity
- Image Service
- Compute Management
- Networking Management
- Networking ML2 Plug-in
- Linux Network Utilities
- Networking Linux Bridge Agent
- Networking L3 Agent
- Networking DHCP Agent
- Networking Metadata Agent
- Block Storage Management
- Orchestration
- Object Storage Proxy Service
- Shared File System Management
- Database Management
- Telemetry Management
- Telemetry Agent(s)

Compute Nodes
- KVM Hypervisor
- Compute
- Linux Network Utilities
- Networking Linux Bridge Agent
- Telemetry Agent

Block Storage Nodes
- iSCSI Target Service
- Block Storage Volume Service
- Shared File System Service
- Telemetry Agent

Object Storage Nodes
- Object Storage Account Service
- Object Storage Container Service
- Object Storage Object Service

Core component

Optional component

图 11-2　自助服务网络服务层次图

在 Provider 网络体系结构中，所有实例都直接连接到 Provider 网络。在自助（专用）服务网络体系结构中，实例可以连接到自助服务网络或 Provider 网络。自助服务网络可以完全驻留在 OpenStack 中，或者通过 Provider 网络使用 NAT 提供某种级别的外部网络访问。

图 11-3 是 OpenStack 的网络拓扑图，其中主要有内部的管理网络和连接 Internet 网络两部分。管理网络的 IP 地址配置为 10.0.0.0/24，网关配置为 10.0.0.1。该网络通过网关访问 Internet，可提供包安装、安全升级、访问 DNS 和 NTP 等服务。直接连接 Internet 网络的 IP 地址为 203.0.0.113.0/24，网关为 203.0.113.1。这部分网络需要用于网关访问虚拟机。

在本实验环境中，若使用 VMware 部署 OpenStack，则可在虚拟机配置中增加一个网卡（见图 11-4）。VMware 创建的网络适配器可选择不同的网络连接方式，若选择 NAT 方式，则多台虚拟机可通过主机连接 Internet，而且各个虚拟机之间可以互通。NAT 模式的网络适配器可用于管理网络，该网络的 IP 地址及子网掩码的配置可通过 VMware 的虚拟网络编辑器（见图 11-5）进行。一般情况下直接使用该模式的默认配置即可，不需要配置新的 IP 地址。有时，虚拟机多次重启获得的 IP 地址不一致，这种情况下可以不使用 DHCP，即设置静态 IP 地址。Ubuntu 16.04 版本前，通过修改 /etc/network/interfaces 文件来配置 IP 地址的获取方式。Ubuntu 18.04 版本后使用 netplan 命令，通过修改 /etc/netplan/ 50-cloud-init.yaml 文件来配置 IP 地址的获取方式。

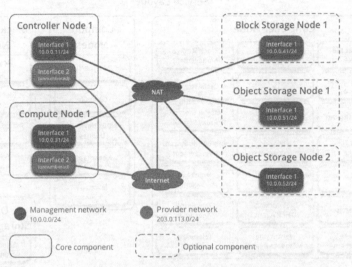

图 11-3 OpenStack 的网络拓扑图

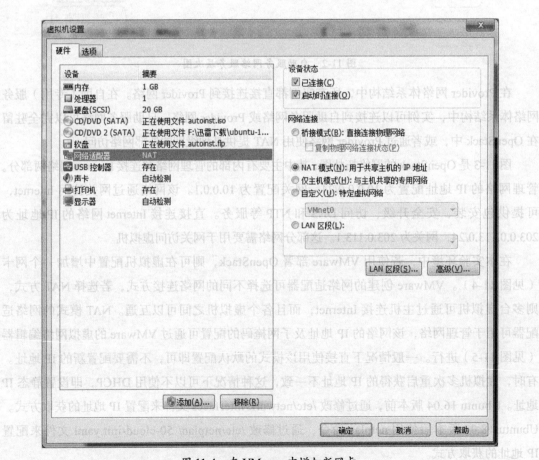

图 11-4 在 VMware 中增加新网卡

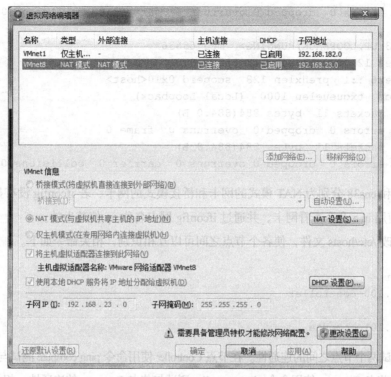

图 11-5 VMware 的虚拟网络编辑器

配置节点 Controller 和节点 Compute 的步骤如下。

（1）在 VMware 中增加一个网络适配器，两个网络适配器分别设置为 NAT 模式和桥接模式。

（2）重启节点 Controller，使用 ifconfig 命令查看网络信息，相关命令如下。

```
ens33: flags=4163<UP,BROADCAST,RUNNING,MULTICAST>  mtu 1500
       inet 192.168.23.100  netmask 255.255.255.0  broadcast 192.168.23.255
       inet6 fe80::20c:29ff:fe60:9442  prefixlen 64  scopeid 0x20<link>
       ether 00:0c:29:60:94:42  txqueuelen 1000  (Ethernet)
       RX packets 691  bytes 57077(57.0 KB)
       RX errors 0  dropped 0  overruns 0  frame 0
       TX packets 130  bytes 13641(13.6 KB)
       TX errors 0  dropped 0  overruns 0  carrier 0  collisions 0

ens38: flags=4163<UP,BROADCAST,RUNNING,MULTICAST>  mtu 1500
       inet 192.168.199.122  netmask 255.255.255.0  broadcast 192.168.199.255
       inet6 fe80::20c:29ff:fe60:944c  prefixlen 64  scopeid 0x20<link>
       ether 00:0c:29:60:94:4c  txqueuelen 1000  (Ethernet)
       RX packets 480  bytes 88422(88.4 KB)
       RX errors 0  dropped 0  overruns 0  frame 0
       TX packets 88  bytes 7604(7.6 KB)
```

```
             TX errors 0  dropped 0  overruns 0  carrier 0  collisions 0
lo: flags=73<UP,LOOPBACK,RUNNING>  mtu 65536
        inet 127.0.0.1  netmask 255.0.0.0
        inet6 ::1  prefixlen 128  scopeid 0x10<host>
        loop  txqueuelen 1000  (Local Loopback)
        RX packets 11  bytes 884(884.0 B)
        RX errors 0  dropped 0  overruns 0  frame 0
        TX packets 11  bytes 884(884.0 B)
        TX errors 0  dropped 0  overruns 0  carrier 0  collisions 0
```

其中，ens33 和 ens38 分别为 NAT 模式的网卡和桥接模式的网卡，若 ifconfig 没有显示新增加的网卡，则可使用 ip a 命令查看网卡，并通过 ifconfig 网卡名称 up 使其生效。

（3）修改 /etc/hosts 文件，使各个节点之间可以互相识别，相关命令如下。

```
#controller
192.168.23.100 controller
#compute
192.168.23.101 compute
```

（4）测试两个节点之间的连通性。在节点 Controller 使用命令 ping compute 测试与节点 Compute 的连通性，在节点 Compute 使用命令 ping controller 测试与节点 Compute 的连通性，相关命令如下。

```
zx@ubuntu-1804:~$ ping Compute
ping controller(192.168.23.100)56(84)bytes of data.
64 bytes from Compute(192.168.23.100): icmp_seq=1 ttl=64 time=0.275 ms
64 bytes from controller(192.168.23.100): icmp_seq=2 ttl=64 time=0.170 ms
```

11.3 实验 2：安装 OpenStack 所需软件

本实验将在第 11.2 节安装的虚拟机上安装 OpenStack 所需软件，主要包括时间同步、MySQL 和消息队列等软件。

（1）配置安全组件，安装软件包，相关命令如下。

```
root@openstack:~# apt-get install chrony
```

编辑 /etc/chrony/chrony.conf 文件，按照环境的要求，对下面的命令进行添加、修改或者删除。

```
root@openstack:~# vim /etc/chrony/chrony.conf
```

Controller 节点：

① 注释自带的获得时间服务的方式为 pool 2.debian.pool.ntp.org offline iburst。

② 在 #NTP server 下添加 server edu.ntp.org.cn iburst。

③ 在 #allow 下添加 allow 192.168.23.0/24，该地址要与内网地址一致，该地址是 NAT 网卡的地址。

compute 节点：

① 注释默认的获得时间服务的方式为 pool 2.debian.pool.ntp.org offline iburst。

② 在 #NTP server 下添加 server controller iburst。

然后，重启 NTP 服务，相关命令如下。

```
root@openstack:~# service chrony restart
```

在节点 Controller 和节点 Compute 上分别查看 sources，相关命令如下。

```
root@openstack:~# chronyc sources
```

（2）启用 OpenStack 库并完成安装，相关网址为 https://docs.openstack.org/install-guide/environment-packages-ubuntu.html#enable-the-openstack-repository。

Ubuntu 18.04 LTS 直接支持 OpenStack Queens，而 Ubuntu 16.04 LTS 直接支持 OpenStack Mitaka 不需要增加 Ubuntu Cloud Archive Repository。Ubuntu 18.04 不支持 Pike，可以设置 Rocky 和 Stein 的软件仓库，相关命令如下。具体支持版本请参考 https://docs.openstack.org/install-guide/environment-packages-ubuntu.html。

```
root@openstack:~# apt install software-properties-common
root@openstack:~# add-apt-repository cloud-archive:pike
root@openstack:~# apt update && apt dist-upgrade
root@openstack:~# apt install python-openstackclient
```

（3）安装 MySQL 数据库，相关命令如下。

```
root@openstack:~# apt install mariadb-server python-pymysql
```

创建并编辑 /etc/mysql/mariadb.conf.d/99-openstack.cnf 文件的同时完成以下操作：创建 [mysqld] 部分，并将绑定地址键设置为控制器节点的管理 IP 地址，以便其他节点能够通过管理网络（即内部网络的 IP 地址）进行访问。设置附加键以启用有作用的选项和 UTF-8 字符集。

```
[mysqld]
bind-address = 192.168.23.100

default-storage-engine = innodb
innodb_file_per_table = on
max_connections = 4096
collation-server = utf8_general_ci
character-set-server = utf8
```

重新启动数据库服务,并设置密码,相关命令如下。

```
root@openstack:~# service mysql restart
root@openstack:~# mysql_secure_installation
Set root password? [Y/n]y          // 设置 root 密码(可自行设置)
Remove anonymous users? [Y/n]y     // 删除匿名用户(删除)
Disallow root login remotely? [Y/n]n
Remove test database and access to it? [Y/n]y
```

然后按回车键默认以后的相关设置。

(4)安装消息队列(Message Queue),该队列只安装在节点 Controller 上,并且添加 OpenStack 用户,允许用户进行配置,写入和读取访问 OpenStack,相关命令如下。

```
root@openstack:~# apt install rabbitmq-server
root@openstack:~# rabbitmqctl add_user openstack RABBIT_PASS
命令执行完毕显示 Creating user "openstack".
root@openstack:~# rabbitmqctl set_permissions openstack ".*" ".*" ".*"
命令执行完毕显示 Setting permissions for user "openstack" in vhost "/" .
```

(5)安装 Memcached(只在节点 Controller 上安装)服务,相关命令如下。

```
root@openstack:~# apt install memcached python-memcache
```

编辑 /etc/memcached.conf 文件并将该服务配置为使用控制器节点的管理 IP 地址。

```
root@openstack:~# vim /etc/memcached.conf
```

注意,对应节点上的管理 IP 地址。即更改 -l 行,改为 -l 管理 IP 地址(例如:-l 192.168.23.100)。 管理 IP 地址:虚拟机通过内网互相通信的 IP 地址。

重新启动 Memcached 服务,相关命令如下。

```
root@openstack:~# service memcached restart
```

(6)配置 ETCD,相关命令如下。

```
root@openstack:~# apt install etcd
```

编辑 /etc/default/etcd 文件并设置。

```
ETCD_INITIAL_CLUSTER
ETCD_INITIAL_ADVERTISE_PEER_URLS
ETCD_ADVERTISE_CLIENT_URLS
ETCD_NAME="controller"
ETCD_DATA_DIR="/var/lib/etcd"
ETCD_INITIAL_CLUSTER_STATE="new"
ETCD_INITIAL_CLUSTER_TOKEN="etcd-cluster-01"
```

```
ETCD_INITIAL_CLUSTER="controller=http://192.168.23.100:2380"
ETCD_INITIAL_ADVERTISE_PEER_URLS="http://192.168.23.100:2380"
ETCD_ADVERTISE_CLIENT_URLS="http://192.168.23.100:2379"
ETCD_LISTEN_PEER_URLS="http://0.0.0.0:2380"
ETCD_LISTEN_CLIENT_URLS="http://192.168.23.100:2379"
```

7. 启用 ETCD 服务,相关命令如下。

```
root@openstack:~# systemctl enable etcd
root@openstack:~# systemctl start etcd
```

第 12 章 安装 OpenStack 的鉴权组件

Keystone 讲解

16.04 安装 Keystone

18.04 安装 Keystone

12.1 实验准备

一、实验时间

小于 120 分钟。

二、实验目标

完成本次实验后，将掌握以下内容。

- 学会安装 Identity 服务。
- 理解鉴权服务的功能和使用方法。
- 初步了解故障排除方法。

三、预备知识

在开始实验前，必须具备如下实验环境。

- 已安装了 Ubuntu 和 KVM 虚拟化平台。
- 了解关于两台虚拟机的网络配置，安装了 NTP、RabbitMQ 和 MySQL 等。
- 完成配置网络接口。

四、准备工作

- 具备已经安装两台虚拟机的 Ubuntu 虚拟化环境。
- 若虚拟机无法访问 Internet 或连接速度过慢，则使用 apt-mirror 命令将软件仓库同步至本地（同步过程也非常慢，但可在其他机器上同步）。
- 在 Xshell 中，可使用重命名的方式修改 Tab 名，区分节点 Controller 和节点 Compute。

12.2 实验 1：安装 Identity 服务

Identity 服务具有以下功能。

(1)管理用户及其用户的权限。

(2)提供一个可用服务的列表和列表的 API 接口。

为了理解 Identity 的具体功能,需要理解以下概念。

User、Credentials、Authentication、Token、Tenant、Service、Endpoint、Role 和 Keystone client。

具体安装内容可以参考 OpenStack 官网所提供的安装文档第 3 章的内容,参考网址为 https://docs.openstack.org/keystone/pike/install/keystone-install-ubuntu.html。

步骤一、完成准备工作

(1)创建 Identity 服务所需的数据库。在控制器节点上安装和配置数据库为 Keystone 的 OpenStack 的 Identity 服务。在安装和配置 Identity 服务前,需要创建一个数据库,并且使用超户权限连接 MySQL 数据库,相关命令如下。

```
$ mysql -u root -p
报错:ERROR 2002(HY000): Can't connect to local MySQL server through socket '/var/run/mysqld/mysqld.sock' (2 "No such file or directory")
启动 MySQL 服务即 service MySQL start
```

(2)创建 Keystone 数据库,为 Keystone 数据库设置合适的权限,相关命令如下。

```
CREATE DATABASE keystone;
GRANT ALL PRIVILEGES ON keystone.* TO 'keystone'@'localhost' \
IDENTIFIED BY 'KEYSTONE_DBPASS';
GRANT ALL PRIVILEGES ON keystone.* TO 'keystone'@'%' \
IDENTIFIED BY 'KEYSTONE_DBPASS';
```

将 KEYSTONE_DBPASS 替换为合适的密码,填充身份服务,然后退出数据库操作。

步骤二、安装和配置组件

(1)安装 Package,相关命令如下。

```
# apt install keystone  apache2 libapache2-mod-wsgi
```

(2)修改配置文件 /etc/keystone/keystone.conf。

① 在 [database] 部分,配置数据库访问,相关命令如下。

```
[database]
connection=mysql+pymysql://keystone:KEYSTONE_DBPASS@controller/keystone
```

并且注释掉其余的 Connection 节点。其中,将 KYSTONEY_DBPASS 替换为之前设置的数据库密码。

② 在 [token] 部分,配置 UUID token 与 SQL 驱动,相关命令如下。

```
[token]
# .
provider = fernet
```

（3）初始化所需的数据库，相关命令如下。

```
# su -s /bin/sh -c "keystone-manage db_sync" keystone
```

（4）初始化 Fernet Key 源，相关命令如下。

```
# keystone-manage fernet_setup --keystone-user keystone --keystone-group keystone
# keystone-manage credential_setup --keystone-user keystone --keystone-group keystone
```

（5）初始化 Identity 服务设置，即从 Queens 版本开始，Keystone 的 admin-url 端口从 35357 变成了 5000，注意，在配置时，需要根据具体版本配置正确的端口号，相关命令如下。

```
# keystone-manage bootstrap --bootstrap-password ADMIN_PASS \
  --bootstrap-admin-url http://controller:35357/v3/ \
  --bootstrap-internal-url http://controller:5000/v3/ \
  --bootstrap-public-url http://controller:5000/v3/ \
  --bootstrap-region-id RegionOne
```

其中，将 ADMIN_PASS 替换为管理员密钥。

步骤三、配置 Apache HTTP 服务

编辑 /etc/apache2/apache2.conf 文件，并配置 ServerName 选项以引用 Controller 节点，相关命令如下。

```
ServerName controller
```

步骤四、完成安装

（1）重新启动 Apache 服务，相关命令如下。

```
# service apache2 restart
```

（2）配置管理账户，相关命令如下。

```
$ export OS_USERNAME=admin
$ export OS_PASSWORD=ADMIN_PASS
$ export OS_PROJECT_NAME=admin
$ export OS_USER_DOMAIN_NAME=Default
$ export OS_PROJECT_DOMAIN_NAME=Default
$ export OS_AUTH_URL=http://controller:35357/v3
$ export OS_IDENTITY_API_VERSION=3
```

12.3 实验 2：创建租户、用户和角色

身份验证服务为每个 OpenStack 服务都提供认证服务。身份验证服务是使用域、项目、用

户和角色的组合。

（1）创建服务项目，相关命令如下。

```
$ openstack project create --domain default \
  --description "Service Project" service

+-------------+----------------------------------+
| Field       | Value                            |
+-------------+----------------------------------+
| description | Service Project                  |
| domain_id   | default                          |
| enabled     | True                             |
| id          | 24ac7f19cd944f4cba1d77469b2a73ed |
| is_domain   | False                            |
| name        | service                          |
| parent_id   | default                          |
+-------------+----------------------------------+
```

（2）常规（非管理）任务应该使用非特权项目和用户。例如，创建一个项目，相关命令如下。

```
$ openstack project create --domain default \
  --description "Demo Project" demo

+-------------+----------------------------------+
| Field       | Value                            |
+-------------+----------------------------------+
| description | Demo Project                     |
| domain_id   | default                          |
| enabled     | True                             |
| id          | 231ad6e7ebba47d6a1e57e1cc07ae446 |
| is_domain   | False                            |
| name        | demo                             |
| parent_id   | default                          |
+-------------+----------------------------------+
```

（3）创建一个 demo 用户，相关命令如下。

```
$ openstack user create --domain default \
  --password-prompt demo

User Password:
Repeat User Password:
+---------------------+----------------------------------+
| Field               | Value                            |
+---------------------+----------------------------------+
| domain_id           | default                          |
| enabled             | True                             |
| id                  | aeda23aa78f44e859900e22c24817832 |
```

```
| name              | demo |
| options           | {}   |
| password_expires_at | None |
+-------------------+------+
```

（4）创建用户角色，相关命令如下。

```
$ openstack role create user
+-----------+----------------------------------+
| Field     | Value                            |
+-----------+----------------------------------+
| domain_id | None                             |
| id        | 997ce8d05fc143ac97d83fdfb5998552 |
| name      | user                             |
+-----------+----------------------------------+
```

（5）将用户角色添加到项目和用户中，相关命令如下。

```
$ openstack role add --project demo --user demo user
```

12.4 实验3：验证相关配置是否正常

在安装其他服务前，需要验证相关配置是否正常。

首先取消环境变量 OS_AUTH_URL 和 OS_PASSWORD，相关命令如下。

```
$ unset OS_AUTH_URL OS_PASSWORD
```

验证1：作为管理员用户，请求身份验证令牌（token），相关命令如下。

```
$ openstack --os-auth-url http://controller:35357/v3 \
  --os-project-domain-name Default --os-user-domain-name Default \
  --os-project-name admin --os-username admin token issue

Password:
+------------+-------------------------------------------------------------+
| Field      | Value                                                       |
+------------+-------------------------------------------------------------+
| expires    | 2016-02-12T20:14:07.056119Z                                 |
| id         | gAAAAABWvi7_B8kKQD9wdXac8MoZiQldmjEO643d-e_
```

```
|              | j-XXq9AmIegIbA7UHGPv |
|              | atnN21qtOMjCFWX7BReJEQnVOAj3nclRQgAYRsfSU_
MrsuWb4EDtnjU7HEpoBb4 |
|              | o6ozsA_NmFWEpLeKy0uNn_WeKbAhYygrsmQGA49dclHVnz-OMVLiyM9ws |
| project_id   | 343d245e850143a096806dfaefa9afdc |
| user_id      | ac3377633149401296f6c0d92d79dc16 |
+--------------+-------------------------------------------------------
```

验证 2：以 demo 用户身份请求身份验证令牌（token），相关命令如下。

```
$ openstack --os-auth-url http://controller:5000/v3 \
  --os-project-domain-name Default --os-user-domain-name Default \
  --os-project-name demo --os-username demo token issue

Password:
+------------+------------------------------------------------------------
| Field      | Value
+------------+------------------------------------------------------------
| expires    | 2016-02-12T20:15:39.014479Z
| id         | gAAAAABWvi9bsh7vkiby5BpCCnc-JkbGhm9wH3fabS_cY7uabOubesi-
Me6IGWW |
|            | yQqNegDDZ5jw7grI26vvgy1J5nCVwZ_zFRqPiz_
qhbq29mgbQLglbkq6FQvzBRQ |
|            | JcOzq3uwhzNxszJWmzGC7rJE_H0A_a3UFhqv8M4zMRYSbS2YF0MyFmp_U |
| project_id | ed0b60bf607743088218b0a533d5943f
| user_id    | 58126687cbcc4888bfa9ab73a2256f27
+------------+------------------------------------------------------------
```

验证 3：使用超户权限获取用户列表，相关命令如下。

```
$ openstack user list --os-auth-url http://controller:35357/v3 --os-username
admin --os-password ADMIN_PASS
+----------------------------------+-------+
| ID                               | Name  |
+----------------------------------+-------+
```

```
| 2738e2d9330441a88efb833f2c816ec1 | admin |
| 8b8e492bd4cb4afe8111b873458670d8 | demo  |
+----------------------------------+-------+
```

验证 4：使用超户权限获取角色列表，相关命令如下。

```
$ openstack role list --os-auth-url http://controller:35357/v3 --os-username
admin --os-password ADMIN_PASS
+----------------------------------+---------+
| ID                               | Name    |
+----------------------------------+---------+
| 9fe2ff9ee4384b1894a90878d3e92bab | _member_|
| c63501722f9240748c7aa56348e65c83 | admin   |
| cb94d4076bc642a6baf03003edb9b6c7 | user    |
+----------------------------------+---------+
```

12.5 实验 4：创建 OpenStack 客户端环境脚本

前面的实验均使用环境变量和命令选项的组合通过 OpenStack 客户端与 Identity 服务进行交互，每条命令都需要输入用户名和密码，以及认证 URL。为了提高客户端操作的效率，OpenStack 支持简单的客户端环境脚本（也称 OpenRC 文件）。这些脚本通常包含客户端的所有通用选项，但也支持唯一的选项。

1. 创建以下两个脚本

（1）超户信息。创建和编辑 admin-openrc 文件并添加以下内容（OpenStack 客户端支持 clouds.yaml 文件）。

```
export OS_PROJECT_DOMAIN_NAME=Default
export OS_USER_DOMAIN_NAME=Default
export OS_PROJECT_NAME=admin
export OS_USERNAME=admin
export OS_PASSWORD=ADMIN_PASS
export OS_AUTH_URL=http://controller:35357/v3
export OS_IDENTITY_API_VERSION=3
export OS_IMAGE_API_VERSION=2
```

（2）普通用户信息。创建和编辑 demo-openrc 文件并添加以下内容。

```
export OS_PROJECT_DOMAIN_NAME=Default
export OS_USER_DOMAIN_NAME=Default
export OS_PROJECT_NAME=demo
export OS_USERNAME=demo
```

```
export OS_PASSWORD=DEMO_PASS
export OS_AUTH_URL=http://controller:5000/v3
export OS_IDENTITY_API_VERSION=3
export OS_IMAGE_API_VERSION=2
```

2. 使用用户信息脚本

在使用用户信息脚本时，输入以下命令即可导入相关环境变量。

```
$ . admin-openrc
```

导入环境变量后，获取用户一览命令将简化为如下命令。

```
$ openstack user list
+----------------------------------+-------+
| ID                               | Name  |
+----------------------------------+-------+
| 2738e2d9330441a88efb833f2c816ec1 | admin |
| 8b8e492bd4cb4afe8111b873458670d8 | demo  |
+----------------------------------+-------+
```

若导入的环境变量是 demo 用户的变量，则在运行 openstack user list 命令时，会与使用超户权限获取到的信息有所不同，这是因为 demo 用户的权限不足造成的。

```
$ . demo-openrc
$ openstack user list
You are not authorized to perform the requested action: identity:list_users.
(HTTP 403) (Request-ID: req-917e2d68-d99f-4801-b644-87b32315899b)
```

请求身份验证令牌（token），相关命令如下。

```
$ openstack token issue
+------------+-------------------------------------------------------------------
---+
| Field      | Value
|
+------------+-------------------------------------------------------------------
---+
| expires    | 2016-02-12T20:44:35.659723Z
|
| id         | gAAAAABWvjYj-ZjfgSWXFaQnUd1DMYTBVrKw4h3fIagi5NoEmh21U72SrRv2t
rl |
|            | JWFYhLi2_uPR31Igf6A8mH2Rw9kv_bxNo1jbLNPLGzW_
u5FC7InFqx0yYtTwale |
|            | eq2b0f6-18KZyQhs7F3teAta143kJEWuNEYET-y7u29y0be1_64KYkM7E
|
| project_id | 343d245e850143a096806dfaefa9afdc
```

```
|              |                                                  
| user_id      | ac3377633149401296f6c0d92d79dc16                 
|              |                                                  
+--------------+--------------------------------------------------
---+
```

按照安装手册的说明安装 Keystone，并完成本次实验要求的其他内容。

实验 5：Keystone 服务故障的检查与排除

（1）首先确认 Keystone 服务是否启动，相关命令如下。

```
root@controller:/etc/keystone# ps -ef | grep keystone
keystone    1394    1373  0 Jun18?        00:00:00(wsgi:keystone-pu -k start
keystone    1395    1373  0 Jun18?        00:00:00(wsgi:keystone-pu -k start
keystone    1396    1373  0 Jun18?        00:00:00(wsgi:keystone-pu -k start
keystone    1399    1373  0 Jun18?        00:00:00(wsgi:keystone-pu -k start
keystone    1400    1373  0 Jun18?        00:00:00(wsgi:keystone-pu -k start
keystone    1401    1373  0 Jun18?        00:00:00(wsgi:keystone-ad -k start
keystone    1402    1373  0 Jun18?        00:00:00(wsgi:keystone-ad -k start
keystone    1403    1373  0 Jun18?        00:00:00(wsgi:keystone-ad -k start
keystone    1404    1373  0 Jun18?        00:00:00(wsgi:keystone-ad -k start
keystone    1405    1373  0 Jun18?        00:00:00(wsgi:keystone-ad -k start
root        7917    7194  0 01:17 pts/0   00:00:00 grep --color=auto keystone
```

 根据配置的不同，可能启动了多个与 Keystone 相关的进程。

（2）若 Keystone 服务没有启动，则手动运行 service keystone start 命令。

（3）若 Keystone 服务已经启动，但是无法确定该服务启动是否正确，则可以查看对应的 log 文件。log 文件的配置在 /etc/keystone/keystone.conf 中，一般会将日志存放在 / var/log/keystone/ 目录下的 keystone-manage.log 文件中，相关命令如下。

```
root@controller:/var/log/keystone# cat keystone-manage.log | grep ERROR
2015-04-07 21:01:45.313 12303 ERROR keystone.common.wsgi[-]
(OperationalError) (2003, "Can't connect to MySQL server on 'controller'
(111)")None None
2015-04-07 21:02:20.619 17160 ERROR keystone.common.wsgi[-]
(OperationalError) (2003, "Can't connect to MySQL server on 'controller'
(111)")None None
```

（4）由于 Keystone 服务是由 Python 语言编写的（相关命令如下），因此它的源代码都是可读的、可修改的。

```
root@controller:/var/log/keystone# whereis keystone-manage
keystone-manage: /usr/bin/keystone-manage /usr/share/man/man1/keystone-
manage.1.gz
```

而其中用到的各种 Keystone 包均存放在 Python 目录下，相关命令如下。

```
root@controller:/var/log/keystone# python
Python 2.7.6(default,Mar 22 2014,22:59:56)
[GCC 4.8.2]on linux2
Type "help", "copyright", "credits" or "license" for more information.
>>> import sys
>>> print sys.path
['', '/usr/lib/python2.7', '/usr/lib/python2.7/plat-x86_64-linux-gnu', '/
usr/lib/python2.7/lib-tk', '/usr/lib/python2.7/lib-old', '/usr/lib/python2.7/
lib-dynload', '/usr/local/lib/python2.7/dist-packages', '/usr/lib/python2.7/
dist-packages', '/usr/lib/python2.7/dist-packages/gtk-2.0']
>>> quit()
root@controller:~# cd /usr/lib/python2.7/dist-packages
root@controller:/usr/lib/python2.7/dist-packages# ls keystone
assignment    common       endpoint_policy    i18n.py       __init__.pyc
notifications.py    resource    token
auth         conf         exception.py       i18n.pyc      locale
notifications.pyc    revoke      trust
catalog      contrib      exception.pyc      identity      middleware    oauth1
server       v2_crud
cmd          credential   federation         __init__.py   models        policy
tests        version
```

（5）以配置文件 keystone.conf 中的错误为例，即 debug=Tue（正确时为 True），相关命令如下。

```
root@controller:~# service keystone start
keystone start/running,process 4290
root@controller:~# ps -ef|grep keystone
keystone   4330    1  0 13:14?        00:00:00 /usr/bin/python /usr/bin/
keystone-all
root       4335 1800  0 13:14 pts/5   00:00:00 grep --color=auto keystone
```

其中，仅有一个 Keystone 进程，而正常情况下应该有多个 Keystone 进程，查看 /var/keystone/keystone-manage.log，并没有错误提示，仅显示各个子进程均退出，相关命令如下。

```
root@controller:/var/log/keystone# tail keystone-manage.log
2015-04-16 13:07:53.584 3489 INFO keystone.openstack.common.service[-]
Waiting on 8 children to exit
2015-04-16 13:07:53.585 3489 INFO keystone.openstack.common.service[-]Child
3493 exited with status 1
```

```
2015-04-16 13:07:53.585 3489 INFO keystone.openstack.common.service[-]Child
3494 exited with status 1
2015-04-16 13:07:53.586 3489 INFO keystone.openstack.common.service[-]Child
3495 exited with status 1
2015-04-16 13:07:53.587 3489 INFO keystone.openstack.common.service[-]Child
3496 exited with status 1
2015-04-16 13:07:53.587 3489 INFO keystone.openstack.common.service[-]Child
3497 exited with status 1
2015-04-16 13:07:53.588 3489 INFO keystone.openstack.common.service[-]Child
3498 exited with status 1
2015-04-16 13:07:53.589 3489 INFO keystone.openstack.common.service[-]Child
3499 exited with status 1
2015-04-16 13:07:53.589 3489 INFO keystone.openstack.common.service[-]Child
3500 exited with status 1
2015-04-16 13:07:53.597 3489 INFO keystone.openstack.common.service[-]Caught
SIGTERM,stopping children
```

命令行单独运行 keystone-manage 的相关命令如下。

```
root@controller:/var/log/keystone# keystone-manage
argument --verbose: Invalid Boolean value: True
```

此时，可以清晰地看到错误的原因和错误的位置。

12.7 思考题

1. 利用 keystone 命令创建的用户信息保存在什么位置，并验证相关结论。
2. 为什么 admin 用户是超户，并验证。
3. 如何为 keystone 命令增加一个子命令，并列出具有超户权限的用户。

第13章 安装 OpenStack 的镜像管理组件

Glance 介绍

16.04 安装 Glance

18.04 安装 Glance

13.1 实验准备

一、实验时间

小于 120 分钟。

二、实验目标

完成本次实验后,将掌握以下内容。

- 学会如何安装 Image 服务。
- 验证镜像是否正常。
- 初步了解故障排除方法。

三、预备知识

在开始实验前,必须具备以下实验环境。

- 已安装了 Ubuntu 和 KVM 虚拟化平台。
- 两台虚拟机配置了网络,安装了 NTP、RabbitMQ 和 MySQL 等。
- 节点 Controller 上已安装 Keystone。
- 配置网络接口。

四、准备工作

- 已经安装两台虚拟机的 Ubuntu 虚拟化环境。
- 若虚拟机无法访问 Internet 或连接速度过慢,则可使用 apt-mirror 命令将软件仓库同步至本地。
- Xshell 中可使用重命名的方式修改 Tab 名,区分节点 Ccontroller 和节点 Compute。

13.2 实验 1：安装 Glance 服务

Glance 服务包括以下组件。

（1）glance-api：接收 image，发现、获取、存储相关的 API。

（2）glance-registry：保存、处理和获取 image 的元数据，元数据包括大小和类型等。

（3）database：保存元数据。

（4）storage repository for image files：保存镜像文件的位置。支持普通的文件系统、对象存储、RADOS 块设备、HTTP 和亚马逊 S3 等。

Glance 服务具有以下功能。

（1）上传和删除镜像。

（2）提供可用镜像列表。

Glance 服务的具体安装内容可以参考 OpenStack 官网所提供的参考文档（https://docs.openstack.org/glance/pike/install/install-ubuntu.html）。这里给出的是 Pike 版本的网址，其他版本的网址稍有不同。

步骤一、配置数据库

1. 创建 Identity 服务所需的数据库。
2. 使用超户连接 MySQL 数据库，相关命令如下。

```
$ mysql -u root -p
```

3. 创建 Glance 数据库，为 Glance 数据库配置合适的权限，相关命令如下。

```
CREATE DATABASE glance;
GRANT ALL PRIVILEGES ON glance.* TO 'glance'@'localhost' \
IDENTIFIED BY 'GLANCE_DBPASS';
GRANT ALL PRIVILEGES ON glance.* TO 'glance'@'%' \
IDENTIFIED BY 'GLANCE_DBPASS';
```

注意，将 GLANCE_DBPASS 替换为合适的密码。

最后使用 quit 命令退出数据库的操作。

步骤二、配置用户和服务

1. 使用 Admin 用户的环境变量，后续的操作需要使用 OpenStack 超户权限，相关命令如下。

```
$ source admin-openrc.sh
```

2. 创建 Glance 用户，并赋予 Glance 用户 Admin 角色，相关命令如下。

```
$ openstack user create --domain default --password-prompt glance   // 输入密码即可
$ openstack role add --project service --user glance admin   // 这条命令没有输出
```

3. 创建 Glance 服务,相关命令如下。

```
$ openstack service create --name glance --description "OpenStack Image" image
```

4. 创建 Image Service 的 API Endpoints,相关命令如下。

```
$ openstack endpoint create --region RegionOne \
  image public http://controller:9292
openstack endpoint create --region RegionOne \
  image internal http://controller:9292
openstack endpoint create --region RegionOne \
  image admin http://controller:9292
```

步骤三、安装和配置 Glance 服务

1. 安装 Glance 服务,相关命令如下。

```
# apt install glance
```

2. 修改配置文件 /etc/glance/glance-api.conf。注意,修改时最好使用搜索命令先找到对应关键字再修改,避免重复设置。

(1) 修改数据库连接,相关命令如下。

```
[database]
.
connection = mysql+pymysql://glance:GLANCE_DBPASS@controller/glance
```

将 GLANCE_DBPASS 替换为签名设置的密码。

(2) 修改 Keystone 认证,相关命令如下。

```
[keystone_authtoken]
.
auth_uri = http://controller:5000
auth_url = http://controller:35357
memcached_servers = controller:11211
auth_type = password
project_domain_name = default
user_domain_name = default
project_name = service
username = glance
password = GLANCE_PASS
.
[paste_deploy]
```

```
...
flavor = keystone
```

 注释掉 [keystone_authtoken] 部分的其他信息。

（3）配置 image 的保存位置，相关命令如下。

```
[glance_store]
.
stores = file,http
default_store = file
filesystem_store_datadir = /var/lib/glance/images/
```

3. 修改配置文件 /etc/glance/glance-registry.conf。注意，修改时最好使用搜索命令先找到对应关键字再修改，避免重复设置。

（1）修改数据库连接，相关命令如下。

```
[database]
.
connection = mysql+pymysql://glance:GLANCE_DBPASS@controller/glance
```

将 GLANCE_DBPASS 替换为前面设置的密码。

（2）修改 Keystone 认证，相关命令如下。

```
[keystone_authtoken]
.
auth_uri = http://controller:5000
auth_url = http://controller:35357
memcached_servers = controller:11211
auth_type = password
project_domain_name = default
user_domain_name = default
project_name = service
username = glance
password = GLANCE_PASS
[paste_deploy]
.
flavor = keystone
```

4. 更新 Image 服务的数据库，相关命令如下。

```
# su -s /bin/sh -c "glance-manage db_sync" glance
```

步骤四、结束安装

重启 Image 相关服务，相关命令如下。

```
# service glance-registry restart
# service glance-api restart
```

13.3 实验 2：验证 Glance 服务是否正常安装

Glance 服务支持以下命令。

```
root@controller:/var/log/glance# glance
usage: glance[--version] [-d] [-v] [--get-schema] [--timeout TIMEOUT]

Command-line interface to the OpenStack Images API.

Positional arguments:
    image-create            Create a new image.
    image-delete            Delete specified image(s).
    image-download          Download a specific image.
    image-list              List images you can access.
    image-show              Describe a specific image.
    image-update            Update a specific image.
    member-create           Share a specific image with a tenant.
    member-delete           Remove a shared image from a tenant.
    member-list             Describe sharing permissions by image or tenant.
    help                    Display help about this program or one of its
                            subcommands.
```

1. 下载一个操作系统镜像，相关命令如下。

```
$ . admin-openrc
$ wget http://download.cirros-cloud.net/0.3.5/cirros-0.3.5-x86_64-disk.img
```

2. 使用 Openstack 超户权限上传镜像，相关命令如下。

```
$ openstack image create "cirros" \
  --file cirros-0.3.5-x86_64-disk.img \
  --disk-format qcow2 --container-format bare \
  --public
```

3. 确认镜像上传并验证属性，相关命令如下。

```
$ openstack image list

+--------------------------------------+--------+--------+
```

```
| ID                                   | Name   | Status |
+--------------------------------------+--------+--------+
| 38047887-61a7-41ea-9b49-27987d5e8bb9 | cirros | active |
+--------------------------------------+--------+--------+
```

13.4 实验 4：Glance 服务故障的检查与排除

1. 首先检查 Glance 服务是否启动，两个子进程分别是 glance-api 和 glance-registry，相关命令如下。

```
zx@controller:~$ service glance-api status
glance-api.service - OpenStack Image Service API
   Loaded: loaded (/lib/systemd/system/glance-api.service;enabled;vendor preset: enabled)
   Active: active(running)since Tue 2019-06-18 18:18:06 PDT;7h ago
  Process: 2050 ExecStartPre=/bin/chown glance:adm /var/log/glance(code=exited,status=0/SUCCESS)
  Process: 2020 ExecStartPre=/bin/chown glance:glance /var/lock/glance /var/lib/glance(code=exited,status=0/SUCCESS)
  Process: 1976 ExecStartPre=/bin/mkdir -p /var/lock/glance /var/log/glance /var/lib/glance(code=exited,status=0/SUCCESS)

zx@controller:~$ service glance-registry status
glance-registry.service - OpenStack Image Service Registry
   Loaded: loaded (/lib/systemd/system/glance-registry.service;enabled;vendor preset: enabled)
   Active: active(running)since Tue 2019-06-18 18:18:06 PDT;7h ago
  Process: 2060 ExecStartPre=/bin/chown glance:adm /var/log/glance(code=exited,status=0/SUCCESS)
  Process: 2026 ExecStartPre=/bin/chown glance:glance /var/lock/glance /var/lib/glance(code=exited,status=0/SUCCESS)
  Process: 1979 ExecStartPre=/bin/mkdir -p /var/lock/glance /var/log/glance /var/lib/glance(code=exited,status=0/SUCCESS)
```

或者使用 ps 命令检查 Glance 服务是否启动，相关命令如下。

```
zx@controller:~$ ps -ef|grep glance
glance    2084    1  1 Jun18?        00:06:29 /usr/bin/python /usr/bin/glance-api --config-file=/etc/glance/glance-api.conf --log-file=/var/log/glance/glance-api.log
glance    2089    1  0 Jun18?        00:00:02 /usr/bin/python /usr/bin/glance-registry --config-file=/etc/glance/glance-registry.conf --log-file=/var/log/glance/glance-registry.log
```

```
glance      2294    2089   0 Jun18?         00:00:00 /usr/bin/python /usr/bin/
glance-registry --config-file=/etc/glance/glance-registry.conf --log-file=/var/
log/glance/glance-registry.log
glance      2295    2084   0 Jun18?         00:00:00 /usr/bin/python /usr/bin/
glance-api --config-file=/etc/glance/glance-api.conf --log-file=/var/log/glance/
glance-api.log
root        8369    7194   0 01:42 pts/0    00:00:00 systemctl status glance-
api.service
root        8389    7194   0 01:44 pts/0    00:00:00 systemctl status glance-
registry.service
root        8406    7194   0 01:44 pts/0    00:00:00 grep --color=auto glance
```

根据配置的不同，可能会启动多个 glance-api 进程和 glance-registry 进程，但是注意其中有一个 glance-api 父进程 pid 是 1，其他的 glance-api 进程都是这个进程的子进程。

2. 若 Glance 服务没有启动，则需要手动运行 glance-api 命令和 glance-registry 命令，启动相应服务的命令如下。

```
root@controller:~# glance-api
2015-04-16 15:00:20.499 14167 INFO keystonemiddleware.auth_token[-]Starting keystone auth_token middleware
2015-04-16 15:00:20.501 14167 INFO keystonemiddleware.auth_token[-]Using /tmp/keystone-signing-PGFiJX as cache directory for signing certificate
2015-04-16 15:00:20.503 14167 INFO glance.wsgi.server[-]Starting 4 workers
2015-04-16 15:00:20.505 14167 INFO glance.wsgi.server[-]Started child 14172
2015-04-16 15:00:20.506 14172 INFO glance.wsgi.server[-] (14172)wsgi starting up on http://0.0.0.0:9292/
```

若依赖包未安装，或者配置文件错误，则会显示如下信息。

```
root@controller:~# glance-registry
```

3. 若 Glance 服务已经启动，但仍无法完全确认正确，则可以查看对应的 log 文件。log 文件的配置在 /etc/glance/ 目录下的 glance-api.conf 文件和 glance-registry.conf 文件中，一般设置在 /var/log/glance 下，名为 glance-api.log 和 glance-registry.log，相关命令如下。

```
root@controller:/var/log/glance# cat api.log
2015-04-16 14:55:52.308 18171 INFO urllib3.connectionpool[42c88924-44f2-
4edc-95f9-acef75fa1b4f 682d3f1b70eb4ad7ab72423dd37b59af 8f85d90fda2e4afb8b8ee
76ed57859e2 - - -]Starting new HTTP connection(1): controller
2015-04-16 14:55:52.614 18171 INFO urllib3.connectionpool[42c88924-44f2-
4edc-95f9-acef75fa1b4f 682d3f1b70eb4ad7ab72423dd37b59af 8f85d90fda2e4afb8b8ee
76ed57859e2 - - -]Starting new HTTP connection(1): controller
```

4. 因为 Glance 服务是由 Python 语言编写的（相关代码如下），所以它的源代码都是可读的、可修改的。

```
root@controller:/var/log/glance# whereis glance-api
glance-api: /usr/bin/glance-api /usr/share/man/man1/glance-api.1.gz
```

而其中用到的各种 Glance 包都存放在 Python 目录下。

```
root@controller:/var/log/keystone# python
Python 2.7.6(default,Mar 22 2014,22:59:56)
[GCC 4.8.2]on linux2
Type "help", "copyright", "credits" or "license" for more information.
>>> import sys
>>> print sys.path
['', '/usr/lib/python2.7', '/usr/lib/python2.7/plat-x86_64-linux-gnu', '/
usr/lib/python2.7/lib-tk', '/usr/lib/python2.7/lib-old', '/usr/lib/python2.7/
lib-dynload', '/usr/local/lib/python2.7/dist-packages', '/usr/lib/python2.7/
dist-packages', '/usr/lib/python2.7/dist-packages/gtk-2.0']
>>> quit()
root@controller:~# cd /usr/lib/python2.7/dist-packages
root@controller:/usr/lib/python2.7/dist-packages# ls glance
api        context.py     gateway.py    i18n.pyc      locale         notifier.pyc
registry   scrubber.pyc
async      context.pyc    gateway.pyc   image_cache   location.py    opts.py
schema.py  tests
cmd        db             hacking       __init__.py   location.pyc   opts.pyc
schema.pyc version.py
common     domain         i18n.py       __init__.pyc  notifier.py    quota
scrubber.py version.pyc
```

13.5 思考题

1. Glance 上传的镜像保存在什么位置，元数据保存在什么位置，并验证。
2. Glance 和 Keystone 是如何交互的，并验证。
3. MySQL 中的哪个数据库存放 Glance 的数据？

第 14 章 安装 OpenStack 的计算组件

Nova 介绍

16.04 安装 Nova

18.04 安装 Nova

14.1 实验准备

一、实验时间

小于 120 分钟。

二、实验目标

完成本次实验后,将掌握以下内容。

- 安装 Nova 服务。
- 初步了解故障排除方法。

三、预备知识

在开始实验前,必须具备以下实验环境。

- 已安装了 Ubuntu 和 KVM 虚拟化平台。
- 两台虚拟机配置了网络,安装了 NTP 和 MySQL 等。
- 节点 Controller 上已安装 Keystone。

四、准备工作

- 已经安装两台虚拟机的 Ubuntu 虚拟化环境。
- 若虚拟机无法访问 Internet 或连接速度过慢,则可使用 apt-mirror 命令将软件仓库同步至本地。
- Xshell 中可使用重命名的方式修改 Tab 名,区分节点 Controller 和节点 Compute。

14.2 实验 1:在节点 Controller 上安装和配置 Nova 服务

Compute 组件提供和管理云计算服务,它是 IaaS(Infrastructure as a Service)的主要组成部分。

Compute 组件与 Keystone 组件交互进行权限认证，与 Glance 服务交互获取磁盘和服务器镜像，与 Dashboard 组件交互提供用户和管理员界面。Image 访问权限可限定为工程或用户，配额可限定为每个工程（如实例的数目）。Compute 组件可在标准硬件上进行水平扩展，并且通过下载 Image 镜像启动虚拟机。

Compute 组件包括以下内容。

（1）API

① nova-api：接受和响应用户的 Compute API 请求。支持 OpenStack API 和 Amazon EC2 API，以及为一些特权用户执行管理操作的 API。该服务实施了一些权限管理和大部分的管理活动，如启动一个实例。

② nova-api-metadata：接收来自实例的元数据请求，该服务一般适用于多台主机安装了 nova-network 的情况下。

（2）Compute 核心

① nova-compute：通过虚拟化管理的 API 创建和终止虚拟机的服务进程。虚拟化管理平台包括：XenServer/XCP 的 XenAPI、libvirt for KVM 或 QEMU、VMwareAPI 或 VMware。从基本上讲，该进程从队列中接收请求并执行一系列的操作，同时更新数据库中虚拟机的状态。

② nova-scheduler：从队列中获取虚拟机的请求并确定哪个服务器运行该实例。

③ nova-conductor：处理 nova-compute 数据库服务的中间件，减少对云数据库的直接访问。

（3）Networking

nova-network worker：与 nova-network 类似，接收网络相关任务并且对其进行操作。例如，建立一个网桥接口或改变 iptable 规则。

（4）Console 接口

① nova-consoleauth：为访问虚拟机控制台的各种代理处理认证请求，其他的各种代理必须同时代理该请求才能正常使用，在一个集群中，一个该服务可同时为多个代理服务。

② Nova-novncproxy：提供通过 VNC 连接的访问方式，可通过基于 Brower 的 Novnc Client 访问。

③ nova-spicehtml5proxy：提供基于 SPICE 连接的访问方式，还可提供基于 Browser 的 HTML5 客户端。

④ nova-xvpnvncproxy：提供通过 VNC 连接的访问方式，还可提供通过符合 OpenStack 规范的 Java Client 连接。

⑤ nova-cert：管理 Nova 的 x509 证书。

（5）Image 管理（EC2 场景）

① nova-objectstore：一个提供 S3 接口的中间件，可将 euca2tools 使用的 S3 语言转换为 OpenStack 支持的 Image 服务请求。

② Euca2tools：一系列管理云资源的命令，不是一个 OpenStak 组件，可通过配置 nova-api 使用。

（6）命令行

Nova：为用户和管理员提供一个命令行方式的接口。

（7）其他组件

① 队列：在不同服务间传递消息的组件，通常使用 RabbitMQ。

② 数据库：存放与创建和运行相关的各种状态。包括可用的实例种类、在用实例、可用网络、工程。理论上可使用支持 SQL 语言的任何数据库，一般 SQLite 用于开发普通环境，MySQL 和 PostgreSQL 用于开发大规模环境。

在节点 Controller 上安装和配置 Nova 服务。

步骤一、配置数据库

1. 创建 Compute 服务所需的数据库。

2. 使用超户权限连接 MySQL 数据库，相关命令如下。

```
$ mysql -u root -p
```

3. 创建 Nova 数据库，为 Nova 数据库设置合适的权限，相关命令如下。

```
MariaDB[(none)]> CREATE DATABASE nova_api;
MariaDB[(none)]> CREATE DATABASE nova;
MariaDB[(none)]> CREATE DATABASE nova_cell0;
GRANT ALL PRIVILEGES ON nova_api.* TO 'nova'@'localhost' IDENTIFIED BY 'npass';
GRANT ALL PRIVILEGES ON nova_api.* TO 'nova'@'%' IDENTIFIED BY 'npass';
GRANT ALL PRIVILEGES ON nova.* TO 'nova'@'localhost' IDENTIFIED BY 'npass';
GRANT ALL PRIVILEGES ON nova.* TO 'nova'@'%' IDENTIFIED BY 'npass';
GRANT ALL PRIVILEGES ON nova_cell0.* TO 'nova'@'localhost' IDENTIFIED BY 'npass';
GRANT ALL PRIVILEGES ON nova_cell0.* TO 'nova'@'%' IDENTIFIED BY 'npass';
```

将 NOVA_DBPASS 替换为合适的密码

4. 退出数据库操作，相关命令如下。

```
quit
```

步骤二、配置用户和服务

1. 使用 Admin 用户的环境变量，后续操作需要 OpenStack 超户权限，相关命令如下。

```
$ source admin-openrc.sh
```

2. 创建 Nova 用户，并赋予 Nova 用户 Admin 角色，相关命令如下。

```
$ openstack user create --domain default --password-prompt nova
User Password:
Repeat User Password:
+---------------------+---------------------------------+
```

```
| Field                    | Value                             |
+--------------------------+-----------------------------------+
| domain_id                | default                           |
| enabled                  | True                              |
| id                       | 9ae3839cd58a47a8ae4782e3843aa337  |
| name                     | nova                              |
| options                  | {}                                |
| password_expires_at      | None                              |
+--------------------------+-----------------------------------+
$ openstack role add --project service --user nova admin
```

> 注意：输入第一个命令后会提示输入 Nova 的密码。

3. 创建 Nova 服务，相关命令如下。

```
$ openstack service create --name nova  --description "OpenStack Compute" compute
```

4. 创建 Compute 服务的 API Endpoints，相关命令如下。

```
$ openstack endpoint create --region RegionOne \
  compute public http://controller:8774/v2.1
+--------------+-------------------------------------------+
| Field        | Value                                     |
+--------------+-------------------------------------------+
| enabled      | True                                      |
| id           | a39d253a337a4b5ea35648942b9341d8          |
| interface    | public                                    |
| region       | RegionOne                                 |
| region_id    | RegionOne                                 |
| service_id   | 8f4a15018e7f4e10ac1865db14111c25          |
| service_name | nova                                      |
| service_type | compute                                   |
| url          | http://controller:8774/v2.1/%(tenant_id)s |
+--------------+-------------------------------------------+
$ openstack endpoint create --region RegionOne \
  compute internal http://controller:8774/v2.1
+--------------+-------------------------------------------+
| Field        | Value                                     |
+--------------+-------------------------------------------+
| enabled      | True                                      |
| id           | 6d1e33fab301477db20656f810e1c04a          |
| interface    | internal                                  |
| region       | RegionOne                                 |
| region_id    | RegionOne                                 |
| service_id   | 8f4a15018e7f4e10ac1865db14111c25          |
| service_name | nova                                      |
| service_type | compute                                   |
```

```
| url           | http://controller:8774/v2.1/%(tenant_id)s |
+---------------+-------------------------------------------+
$ openstack endpoint create --region RegionOne \
  compute admin http://controller:8774/v2.1
+---------------+-------------------------------------------+
| Field         | Value                                     |
+---------------+-------------------------------------------+
| enabled       | True                                      |
| id            | 09badf8e15b145a5973724d362bb47f3          |
| interface     | admin                                     |
| region        | RegionOne                                 |
| region_id     | RegionOne                                 |
| service_id    | 8f4a15018e7f4e10ac1865db14111c25          |
| service_name  | nova                                      |
| service_type  | compute                                   |
| url           | http://controller:8774/v2.1/%(tenant_id)s |
+---------------+-------------------------------------------+
```

5. 创建 Placement 用户,并赋予 placement 用户 admin 角色,相关命令如下。

```
$ openstack user create --domain default --password-prompt placement
$ openstack role add --project service --user placement admin
```

 输入第一个命令后会提示输入 Placement 的密码。

6. 在服务目录中创建 placement API 条目,相关命令如下。

```
$ openstack service create --name placement --description "Placement API"
placement
```

7. 创建 Placement API 的 Endpoints,相关命令如下。

```
$ openstack endpoint create --region RegionOne placement public http://
controller:8778
+---------------+-------------------------------------------+
| Field         | Value                                     |
+---------------+-------------------------------------------+
| enabled       | True                                      |
| id            | a39d253a337a4b5ea35648942b9341d8          |
| interface     | public                                    |
| region        | RegionOne                                 |
| region_id     | RegionOne                                 |
| service_id    | 8f4a15018e7f4e10ac1865db14111c25          |
| service_name  | nova                                      |
| service_type  | compute                                   |
| url           | http://controller:8774/v2.1/%(tenant_id)s |
+---------------+-------------------------------------------+
```

```
+-------------+-----------------------------------------------+
$ openstack endpoint create --region RegionOne placement internal http://
controller:8778
+-------------+-----------------------------------------------+
| Field       | Value                                         |
+-------------+-----------------------------------------------+
| enabled     | True                                          |
| id          | 6d1e33fab301477db20656f810e1c04a              |
| interface   | internal                                      |
| region      | RegionOne                                     |
| region_id   | RegionOne                                     |
| service_id  | 8f4a15018e7f4e10ac1865db14111c25              |
| service_name| nova                                          |
| service_type| compute                                       |
| url         | http://controller:8774/v2.1/%(tenant_id)s     |
+-------------+-----------------------------------------------+
$ openstack endpoint create --region RegionOne placement admin http://
controller:8778
+-------------+-----------------------------------------------+
| Field       | Value                                         |
+-------------+-----------------------------------------------+
| enabled     | True                                          |
| id          | 09badf8e15b145a5973724d362bb47f3              |
| interface   | admin                                         |
| region      | RegionOne                                     |
| region_id   | RegionOne                                     |
| service_id  | 8f4a15018e7f4e10ac1865db14111c25              |
| service_name| nova                                          |
| service_type| compute                                       |
| url         | http://controller:8774/v2.1/%(tenant_id)s     |
+-------------+-----------------------------------------------+
```

步骤三、安装和配置 Nova 服务

1. 安装 Nova 服务，相关命令如下。

```
# apt install nova-api nova-conductor nova-consoleauth \
nova-novncproxy nova-scheduler nova-placement-api
```

在节点 Controller 上安装了 6 个服务，但配置文件只有一个，python-novaclient 是命令行程序。在安装 Nova 服务前，需要更新软件包 #apt-get update。

2. 修改配置文件 /etc/nova/nova.conf，相关命令如下。注意，修改时最好使用搜索命令先找到对应关键字再修改，避免重复修改，或者使用图形化工具修改。

```
[api_database]
# .
```

```
connection= mysql+pymysql://nova:NOVA_DBPASS@controller/nova_api
[database]
# .
connection = mysql+pymysql://nova:NOVA_DBPASS@controller/nova
[DEFAULT]
# .
transport_url = rabbit://openstack:RABBIT_PASS@controller
[api]
# .
auth_strategy = keystone

[keystone_authtoken]
# .
auth_uri = http://controller:5000
auth_url = http://controller:35357
memcached_servers = controller:11211
auth_type = password
project_domain_name = default
user_domain_name = default
project_name = service
username = nova
password = NOVA_PASS

[DEFAULT]
# .
my_ip = 192.168.23.128         # 节点 Controller 的管理 IP 地址
[DEFAULT]
# .
use_neutron = True
firewall_driver = nova.virt.firewall.NoopFirewallDriver
[vnc]
enabled = true
# .
vncserver_listen = $my_ip
vncserver_proxyclient_address = $my_ip
[glance]
# .
api_servers = http://controller:9292
[oslo_concurrency]
# .
lock_path = /var/lib/nova/tmp
注释掉 [DEFAULT] 中的 log_dir
[placement]
# .
os_region_name = RegionOne
project_domain_name = Default
project_name = service
auth_type = password
user_domain_name = Default
```

```
auth_url = http://controller:35357/v3
username = placement
password = PLACEMENT_PASS
```

将 NOVA_DBPASS 替换为前面设置的密码。

3. 初始化 Nova 相关的数据库，相关命令如下。

```
# 填充 nova-api 数据库
su -s /bin/sh -c "nova-manage api_db sync" nova
# 注册 cell0 数据库
su -s /bin/sh -c "nova-manage cell_v2 map_cell0" nova
# 创建 cell1 单元格
su -s /bin/sh -c "nova-manage cell_v2 create_cell --name=cell1 --verbose" nova
# 填充 nova 数据库
su -s /bin/sh -c "nova-manage db sync" nova
# 验证 nova cell0 和 cell1 已经被正确注册
nova-manage cell_v2 list_cells
```

步骤四、结束安装

重启 Nova 相关服务，相关命令如下。

```
# service nova-api restart
# service nova-consoleauth restart
# service nova-scheduler restart
# service nova-conductor restart
# service nova-novncproxy restart
```

14.3 实验 2：在节点 Compute 上安装和配置 Nova 服务

步骤一、安装和配置 Nova 服务

1. 安装 Nova 服务，相关命令如下。

```
# apt install nova-compute
```

在节点 Compute 上安装了一个 nova-compute 服务，且配置文件只有一个。

2. 修改配置文件 /etc/nova/nova.conf，相关命令如下。注意，修改时最好使用搜索命令先找到对应关键字再修改，避免重复修改。

（1）设置 RabbitMQ 的消息传递队列，相关命令如下。

```
[DEFAULT]
# .
transport_url = rabbit://openstack:RABBIT_PASS@controller
```

（2）修改 Keystone 认证，相关命令如下。

```
[api]
# .
auth_strategy = keystone

[keystone_authtoken]
# .
auth_uri = http://controller:5000
auth_url = http://controller:35357
memcached_servers = controller:11211
auth_type = password
project_domain_name = default
user_domain_name = default
project_name = service
username = nova
password = NOVA_PASS
```

 注释掉 auth_host、auth_port 和 auth_protocol，因为 identity_uri 已经包含了这些内容。

（3）配置节点 Compute 的管理 IP 地址，相关命令如下。

```
[DEFAULT]
.
my_ip = MANAGEMENT_INTERFACE_IP_ADDRESS
```

在［DEFAULT］部分中，启用对网络服务的支持，相关命令如下。

```
[DEFAULT]
# .
use_neutron = True
firewall_driver = nova.virt.firewall.NoopFirewallDriver
```

（4）设置 VNC 可被其他终端远程访问，相关命令如下。

```
[vnc]
# .
enabled = True
vncserver_listen = 0.0.0.0
vncserver_proxyclient_address = $my_ip
```

```
novncproxy_base_url = http://controller:6080/vnc_auto.html
```

在[glance]部分中，配置图像服务 API 的位置，相关命令如下。

```
[glance]
# .
api_servers = http://controller:9292
```

在[oslo_concurrency]部分中，配置默认路径，相关命令如下。

```
[oslo_concurrency]
# .
lock_path = /var/lib/nova/tmp
```

（5）配置 Image 服务，相关命令如下。

```
[glance]
.
host = controller
```

（6）配置 Placement API，相关命令如下。

将 log_dir 从 [DEFAULT] 模块注释掉
```
[placement]
# .
os_region_name = RegionOne
project_domain_name = Default
project_name = service
auth_type = password
user_domain_name = Default
auth_url = http://controller:35357/v3
username = placement
password = PLACEMENT_PASS
```

步骤二、结束安装

1. 确定节点 Compute 是否支持硬件虚拟化，相关命令如下。

```
$ egrep -c '(vmx|svm)' /proc/cpuinfo
```

若该命令的返回值不为 0，则节点 Compute 支持硬件虚拟化，不需要额外设置；若节点 Compute 不支持硬件虚拟化，则需要设置 libvirt，并且使用 qemu 方式提供虚拟化。在 /etc/nova/nova-compute.conf 中的相关命令如下。

```
[libvirt]
.
virt_type = qemu
```

2. 重启 Nova 相关服务，相关命令如下。

```
service nova-compute restart
```

3. 将节点 Compute 加载到数据库中，相关命令如下。

```
. admin-openrc
openstack compute service list --service nova-compute
su -s /bin/sh -c "nova-manage cell_v2 discover_hosts --verbose" nova
```

14.4　实验 3：验证 Nova 服务是否正常安装

Nova 支持的命令非常多，有 192 个子命令，涵盖 volume、image、quota、network、dns 和 floating-ip keypair 等。下面是 Nova 支持的部分命令。

```
root@controller:/usr/lib/python2.7/dist-packages# nova
usage: nova [--version] [--debug] [--os-cache] [--timings]
            [--timeout <seconds>] [--os-auth-token OS_AUTH_TOKEN]
            [--os-username <auth-user-name>] [--os-user-id <auth-user-id>]
            [--os-password <auth-password>]
            [--os-tenant-name <auth-tenant-name>]
            [--os-tenant-id <auth-tenant-id>] [--os-auth-url <auth-url>]
            [--os-region-name <region-name>] [--os-auth-system <auth-system>]
            [--service-type <service-type>] [--service-name <service-name>]
            [--volume-service-name <volume-service-name>]
            [--endpoint-type <endpoint-type>]
            [--os-compute-api-version <compute-api-ver>]
            [--os-cacert <ca-certificate>] [--insecure]
            [--bypass-url <bypass-url>]
            <subcommand> .

Command-line interface to the OpenStack Nova API.

Positional arguments:
  <subcommand>
    略
```

1. 使用 OpenStack 超户环境变量，相关命令如下。

```
$ source admin-openrc.sh
```

2. 列出 Nova 提供的服务，相关命令如下。

```
root@controller:~# openstack compute service list
+----+------------------+-------------+----------+---------+-------+----------
------------------+
```

```
| ID | Binary           | Host       | Zone     | Status  | State | Updated
At                   |
+----+------------------+------------+----------+---------+-------+---------
------------------+
|  1 | nova-scheduler   | controller | internal | enabled | down  | 2019-06-
19T09:01:37.000000 |
|  2 | nova-consoleauth | controller | internal | enabled | up    | 2019-06-
19T09:32:42.000000 |
|  3 | nova-conductor   | controller | internal | enabled | up    | 2019-06-
19T09:32:50.000000 |
|  6 | nova-compute     | computer   | nova     | enabled | up    | 2019-06-
19T09:32:44.000000 |
+----+------------------+------------+----------+---------+-------+---------
------------------+
```

3. 列出镜像，相关命令如下。

```
root@controller:~# openstack image list
+--------------------------------------+--------+--------+
| ID                                   | Name   | Status |
+--------------------------------------+--------+--------+
| 5dfb6bbe-f562-492d-88b3-04263519d223 | cirros | active |
+--------------------------------------+--------+--------+
```

使用以上该命令与使用 glance image-list 命令得到的结果大部分相同，略有差异。

14.5 实验 4：Nova 服务故障的检查与排除

1. 首先确认 Nova 服务是否启动，在 nova service-list 与节点 Controller 上启动的服务包括 nova-cert、nova-consoleauth、nova-scheduler 和 nova-conductor，在节点 Compute 上启动的服务是 nova-comput。

若使用 ps -ef|grep nova 命令查看，则会发现 nova-conductor 有 5 个进程，nova-api 有 13 个进程，相关信息如下。

```
root@controller:~# ps -ef|grep nova
nova        1431    1373  0 Jun18?        00:00:00(wsgi:nova-placem -k start
nova        1434    1373  0 Jun18?        00:00:01(wsgi:nova-placem -k start
nova        1435    1373  0 Jun18?        00:00:00(wsgi:nova-placem -k start
nova        1436    1373  0 Jun18?        00:00:00(wsgi:nova-placem -k start
nova        1437    1373  0 Jun18?        00:00:00(wsgi:nova-placem -k start
```

```
nova       2092    1  1 Jun18?       00:08:51 /usr/bin/python /usr/bin/
nova-api --config-file=/etc/nova/nova.conf --log-file=/var/log/nova/nova-api.log
nova       2095    1  0 Jun18?       00:01:15 /usr/bin/python /usr/bin/
nova-consoleauth --config-file=/etc/nova/nova.conf --log-file=/var/log/nova/
nova-consoleauth.log
nova       2099    1  0 Jun18?       00:02:53 /usr/bin/python /usr/bin/
nova-conductor --config-file=/etc/nova/nova.conf --log-file=/var/log/nova/nova-
conductor.log
nova       2119    1  0 Jun18?       00:01:02 /usr/bin/python /usr/bin/
nova-scheduler --config-file=/etc/nova/nova.conf --log-file=/var/log/nova/nova-
scheduler.log
nova       2184    1  0 Jun18?       00:00:18 /usr/bin/python /usr/bin/
nova-novncproxy --config-file=/etc/nova/nova.conf --log-file=/var/log/nova/nova-
novncproxy.log
nova       2326 2092  0 Jun18?       00:00:00 /usr/bin/python /usr/bin/
nova-api --config-file=/etc/nova/nova.conf --log-file=/var/log/nova/nova-api.log
nova       2329 2092  0 Jun18?       00:00:00 /usr/bin/python /usr/bin/
nova-api --config-file=/etc/nova/nova.conf --log-file=/var/log/nova/nova-api.log
root       8656 7194  0 02:00 pts/0  00:00:00 grep --color=auto nova
```

2. 若 Nova 服务没有启动，则手动运行以下命令。

```
root@controller:~# service nova-scheduler stop
nova-scheduler stop/waiting
root@controller:~# nova-scheduler
2015-04-23 11:06:12.496 11960 AUDIT nova.service[-]Starting scheduler
node(version 2014.2.2)
2015-04-23 11:06:13.201 11960 INFO oslo.messaging._drivers.impl_rabbit[req-
c6b4c667-0593-41c1-973e-319c34826a8f]Connecting to AMQP server on
controller:5672
root@controller:~# service nova-api stop
nova-api stop/waiting
root@controller:~# nova-api
2015-04-23 11:07:13.371 12026 INFO nova.openstack.common.periodic_task[-]
Skipping periodic task _periodic_update_dns because its interval is negative
2015-04-23 11:07:13.445 12026 INFO nova.wsgi[-]ec2 listening on 0.0.0.0:8773
2015-04-23 11:07:13.445 12026 INFO nova.openstack.common.service[-]Starting
4 workers
2015-04-23 11:07:13.447 12026 INFO nova.openstack.common.service[-]Started
child 12031
2015-04-23 11:07:13.450 12026 INFO nova.openstack.common.service[-]Started
child 12032
```

 若依赖包未安装，或者配置文件错误，则都会有以上相关提示。

3. 若 Nova 服务已经启动，但是无法保证完全正确，则可以查看对应的 log 文件。log 文件的位置在 /var/log/nova 下，不同的服务有不同的 log 文件，相关命令如下。

```
root@controller:/var/log/nova# ls
-rw-r--r--   1 nova nova    124688686 Jun 18 18:18 nova-api.log
-rw-r--r--   1 nova nova       104419 Jun 18 18:18 nova-conductor.log
-rw-r--r--   1 nova nova       100228 Jun 18 18:18 nova-consoleauth.log
-rw-r--r--   1 nova nova        10052 Jun 18 18:18 nova-novncproxy.log
-rw-r--r--   1 nova nova      9128715 Jun 19 01:59 nova-scheduler.log
```

4. 因为 Nova 是由 Python 语言编写的，所以它的源代码都是可读、可修改的，相关命令如下。

```
root@controller:/var/log/nova# whereis nova
nova: /usr/bin/nova /etc/nova /usr/share/nova /usr/share/man/man1/nova.1.gz
```

而其中用到的各种 Nova 包均放在 Python 目录下，相关命令如下。

```
root@controller:/var/log/keystone# python
Python 2.7.6(default,Mar 22 2014,22:59:56)
[GCC 4.8.2]on linux2
Type "help", "copyright", "credits" or "license" for more information.
>>> import sys
>>> print sys.path
['', '/usr/lib/python2.7', '/usr/lib/python2.7/plat-x86_64-linux-gnu', '/usr/lib/python2.7/lib-tk', '/usr/lib/python2.7/lib-old', '/usr/lib/python2.7/lib-dynload', '/usr/local/lib/python2.7/dist-packages', '/usr/lib/python2.7/dist-packages', '/usr/lib/python2.7/dist-packages/gtk-2.0']
>>> quit()

root@controller:/usr/lib/python2.7/dist-packages# ls nova
CA                       cert            crypto.py         hooks.pyc         netconf.
py          policy.py           service.pyc       virt
__init__.py              cloudpipe       crypto.pyc        i18n.py           netconf.
pyc         policy.pyc          servicegroup      vnc
__init__.pyc             cmd             db                i18n.pyc          network
quota.py    spice               volume
api                      compute         debugger.py       image
notifications.py    quota.pyc           storage           weights.py
availability_zones.py    conductor       debugger.pyc      ipv6
notifications.pyc   rdp                 test.py           weights.pyc
availability_zones.pyc   config.py       exception.py      keymgr            objects
rpc.py      test.pyc            wsgi.py
baserpc.py                               config.pyc        exception.pyc     loadables.py      objectstore
rpc.pyc     tests               wsgi.pyc
baserpc.pyc                              console           filters.py        loadables.pyc     openstack
safe_utils.py       utils.py
block_device.py                          consoleauth       filters.pyc       locale            paths.py
safe_utils.pyc      utils.pyc
```

```
block_device.pyc        context.py      hacking         manager.py      paths.pyc
scheduler               version.py
cells                   context.pyc     hooks.py        manager.pyc     pci
service.py              version.pyc
r
```

14.6 思考题

1. Nova 服务与 Glance 服务是如何交互的？ nova image-list 和 glance image-list 有什么关系？并验证。

2. Nova 服务和 Keystone 服务是如何交互的？并验证。

3. 为什么通过 nova 命令可以获取镜像信息，设计者这样做的目的是什么？

第 15 章 安装 OpenStack 的网络组件

18.04 安装 Neutron

15.1 实验准备

一、实验时间

小于 180 分钟。

二、实验目标

完成本次实验后,将掌握以下内容。

- 安装 Neutron 服务。
- 初步了解故障排除方法。

三、预备知识

在开始实验前,必须具备以下实验环境。

- 已安装了 Ubuntu 和 KVM 虚拟化平台。
- 两台虚拟机配置了网络,安装了 NTP 和 MySQL 等。
- 节点 Controller 上已安装 Keystone。

四、准备工作

- 已经安装两台虚拟机的 Ubuntu 虚拟化环境。
- 若虚拟机无法访问 Internet 或连接速度过慢,则可使用 apt-mirror 命令将软件仓库同步至本地。
- Xshell 中可使用重命名的方式修改 Tab 名,区分节点 Controller 和节点 Compute。

15.2 实验 1:在节点 Controller 上安装和配置 Neutron 服务

Network 服务提供和管理网络资源的分配,它是 IaaS(Infrastructure as a Service)的主要部

分。该服务可以创建网络接口并将其他服务连接到网络上，利用不同的插件实现不同的网络功能，为 OpenStack 提供了灵活的网络部署方式。该服务的其他相关内容可以参考 OpenStack 官网提供的参考文档：https://docs.openstack.org/neutron/pike/install/。

Neutron 服务包括以下三个部分。

（1）Neutron-Server：接受 API 请求并转发至合适的插件处理。

（2）OpenStack Networking Plug-Ins and Agents：创建和删除端口，创建网络和子网，并提供 IP 定位。这些插件和代理根据厂商和技术的不同应用于不同的云环境下。OpenStack 提供了 Cisco switch、NEC OpenFlow、Open vSwitch、Linux bridging、Ryu Network OS 和 VMware NSX 产品支持。

（3）消息队列：用于在不同的插件和 Neutron-Server 间传递消息。

在节点 Controller 上安装和配置 Neutron 服务的具体步骤如下。

步骤一、配置数据库

1. 创建 Network 服务所需的数据库。
2. 使用数据库的超户连接 MySQL 数据库，相关命令如下。

```
$ mysql -u root -p
```

3. 创建 Neutron 数据库，为 Neutron 数据库设置合适的权限，相关命令如下。

```
CREATE DATABASE neutron;
GRANT ALL PRIVILEGES ON neutron.* TO 'neutron'@'localhost' \
IDENTIFIED BY 'NEUTRON_DBPASS';
GRANT ALL PRIVILEGES ON neutron.* TO 'neutron'@'%' \
IDENTIFIED BY 'NEUTRON_DBPASS';
```

将 NEUTRON_DBPASS 替换为合适的密码

4. 退出数据库，相关命令如下。

```
quit
```

步骤二、配置用户和服务

1. 使用 Admin 用户的环境变量，后续操作需要 OpenStack 超户权限，相关命令如下。

```
$ . admin-openrc
```

2. 创建 Neutron 用户，并将 Admin 角色赋予给用户 Neutron，相关命令如下。

```
$ openstack user create --domain default --password-prompt neutron
$ openstack role add --project service --user neutron admin
```

3. 创建 Neutron 服务，相关命令如下。

```
$ openstack service create --name neutron \
  --description "OpenStack Networking" network
```

4. 创建 Networking Service 的 API Endpoints，相关命令如下。

```
$ openstack endpoint create --region RegionOne \
  network public http://controller:9696
$ openstack endpoint create --region RegionOne \
  network internal http://controller:9696
$ openstack endpoint create --region RegionOne \
  network admin http://controller:9696
```

步骤三、安装和配置 Neutron 服务

1. 安装 Neutron 服务，相关命令如下。

```
# apt install neutron-server neutron-plugin-ml2 \
  neutron-linuxbridge-agent neutron-l3-agent neutron-dhcp-agent \
  neutron-metadata-agent
// 这是第二个网络服务
```

在节点 Controller 上安装了一个 Neutron 服务和一个 plugin（ml2）。其中，python- neutronclient 是命令行程序。

2. 修改配置文件 /etc/ neutron/neutron.conf，相关命令如下。注意，修改时最好使用搜索命令先找到对应关键字再修改，避免重复修改。

（1）修改数据库连接，相关命令如下。

```
[database]
.
connection = mysql://neutron:NEUTRON_DBPASS@controller/neutron
```

将 NEUTRON_DBPASS 修改为前面设置的密码。

（2）设置 RabbitMQ 的消息传递队列，相关命令如下。

```
[DEFAULT]
.
transport_url = rabbit://openstack:RABBIT_PASS@controller
```

（3）修改 Keystone 认证，相关命令如下。

```
[DEFAULT]
.
auth_strategy = keystone
[keystone_authtoken]
.
auth_uri = http://controller:5000
auth_url = http://controller:35357
```

```
memcached_servers = controller:11211
auth_type = password
project_domain_name = default
user_domain_name = default
project_name = service
username = neutron
password = NEUTRON_PASS
```

注释掉auth_host、auth_port、和auth_protocol，因为identity_uri已经包含了这些内容。

（4）配置Neutron的Modular Layer 2（ML2）插件、Router服务和IP地址重用，相关命令如下。

```
[DEFAULT]
.
core_plugin = ml2
service_plugins = router
allow_overlapping_ips = True
```

（5）设置Neutron通知Compute组件关于网络拓扑的变化情况，相关命令如下。

```
[DEFAULT]
.
notify_nova_on_port_status_changes = True
notify_nova_on_port_data_changes = True
[nova]
# .
auth_url = http://controller:35357
auth_type = password
project_domain_name = default
user_domain_name = default
region_name = RegionOne
project_name = service
username = nova
password = NOVA_PASS
```

将SERVICE_TENANT_ID替换为Nova服务的Service ID（用keystone service-list命令查看），将NOVA_PASS替换为Nova的密码。

3. 修改配置文件/etc/neutron/plugins/ml2/ml2_conf.ini，相关命令如下。注意，修改时最好使用搜索命令先找到对应关键字再修改，避免重复修改。

（1）设置flat与gre驱动生效，租户网络为GRE模式，使用Openvswitch驱动机制，相关命令如下。

```
[ml2]
.
```

```
type_drivers = flat,vlan,vxlan
tenant_network_types = vxlan
    mechanism_drivers = linuxbridge,l2population
    extension_drivers = port_security
```

（2）设置［ml2_type_flat］部分，相关命令如下。

```
[ml2_type_flat]
.
flat_networks = provider
```

（3）设置［securitygroup］部分，相关命令如下。

```
[securitygroup]
.
enable_ipset = True
```

（4）设置［ml2_type_vxlan］部分，相关命令如下。

```
[ml2_type_vxlan]
#.
vni_ranges = 1:1000
```

步骤四、配置 /etc/neutron/plugins/ml2/linuxbridge_agent.ini，相关命令如下。

```
[linux_bridge]
physical_interface_mappings = provider:PROVIDER_INTERFACE_NAME

[vxlan]
enable_vxlan = true
local_ip = OVERLAY_INTERFACE_IP_ADDRESS
l2_population = true

[securitygroup]
#.
enable_security_group = true
firewall_driver = neutron.agent.linux.iptables_firewall.IptablesFirewallDriver
```

步骤五、配置 /etc/neutron/l3_agent.ini，相关命令如下。

```
[DEFAULT]
#.
interface_driver = linuxbridge
```

步骤六、配置 /etc/neutron/dhcp_agent.ini，相关命令如下。

```
[DEFAULT]
#.
```

```
interface_driver = linuxbridge
dhcp_driver = neutron.agent.linux.dhcp.Dnsmasq
enable_isolated_metadata = true
```

步骤七、配置 /etc/neutron/metadata_agent.ini，相关命令如下。

```
[DEFAULT]
# .
nova_metadata_host = controller
metadata_proxy_shared_secret = METADATA_SECRET
```

步骤八、配置 /etc/nova/nova.conf，相关命令如下。

```
[neutron]
# .
url = http://controller:9696
auth_url = http://controller:35357
auth_type = password
project_domain_name = default
user_domain_name = default
region_name = RegionOne
project_name = service
username = neutron
password = NEUTRON_PASS
service_metadata_proxy = true
metadata_proxy_shared_secret = METADATA_SECRET
```

步骤九、结束安装

1. 更新数据库，相关命令如下。

```
# su -s /bin/sh -c "neutron-db-manage --config-file /etc/neutron/neutron.conf \
  --config-file /etc/neutron/plugins/ml2/ml2_conf.ini upgrade head" neutron
```

2. 重启 Network 服务，相关命令如下。

```
# service neutron-server restart
# service neutron-linuxbridge-agent restart
# service neutron-dhcp-agent restart
# service neutron-metadata-agent restart
# service neutron-l3-agent restart
```

15.3 实验 2：在节点 Compute 上安装和配置 Neutron 服务

步骤一、安装和配置 Neutron 服务

1. 安装 Neutron 服务，相关命令如下。

```
# apt install neutron-linuxbridge-agent
```

2. 修改配置文件 /etc/ neutron/neutron.conf,相关命令如下。注意,修改时最好使用搜索命令先找到对应关键字再修改,避免重复修改。

(1)修改数据库连接,注释掉所有的 Connection 节点,数据库连接仅由 Controller 节点执行,相关命令如下。

```
[database]
.
#connection = sqlite:////var/lib/neutron/neutron.sqlite
```

(2)设置 RabbitMQ 的消息传递队列,相关命令如下。

```
[DEFAULT]
.
transport_url = rabbit://openstack:RABBIT_PASS@controller
```

(3)修改 Keystone 认证,相关命令如下。

```
[DEFAULT]
.
auth_strategy = keystone
[keystone_authtoken]
.
auth_uri = http://controller:5000
auth_url = http://controller:35357
memcached_servers = controller:11211
auth_type = password
project_domain_name = default
user_domain_name = default
project_name = service
username = neutron
password = NEUTRON_PASS
```

 注释掉 auth_host、auth_port、auth_protocol,这是因为 identity_uri 已经包含了这些内容。

步骤二、配置 ML2 插件

修改配置文件 /etc/neutron/plugins/ml2/linuxbridge_agent.ini,相关命令如下。注意,修改时最好使用搜索命令先找到对应关键字再修改,避免重复修改。

设置 Neutron 服务,相关命令如下。

```
.
[linux_bridge]
physical_interface_mappings = provider:PROVIDER_INTERFACE_NAME
# 将 PROVIDER_INTERFACE_NAME 替换为用户的网卡名字
```

```
[vxlan]
enable_vxlan = true
local_ip = OVERLAY_INTERFACE_IP_ADDRESS    # 替换为 Compute 节点的管理 IP 地址
l2_population = true
[securitygroup]
# .
enable_security_group = true
firewall_driver = neutron.agent.linux.iptables_firewall.IptablesFirewallDriver
```

步骤三、配置 Compute 服务使用网络

修改 /etc/nova/nova.conf 配置文件，在 [neutron] 部分中，设定网络 API 访问参数，相关命令如下。

```
[neutron]
.
[neutron]
# .
url = http://controller:9696
auth_url = http://controller:35357
auth_type = password
project_domain_name = default
user_domain_name = default
region_name = RegionOne
project_name = service
username = neutron
password = NEUTRON_PASS
```

步骤四、重启服务

重启 Compute 服务，相关命令如下。

```
# service nova-compute restart
# service neutron-linuxbridge-agent restart
```

Controller 节点和 Compute 节点均配置完成后，在 Controller 节点上进行验证服务，如图 15-1 所示。

```
$ openstack network agent list
```

ID	Agent Type	Host	Availability Zone	Alive	State	Binary
44734052-4e1d-4027-b881-fa79f185059a	Metadata agent	controller	None	:-)	UP	neutron-metadata-agent
5595368c-edff-4898-a08a-d60edf0fbb3f	DHCP agent	controller	nova	:-)	UP	neutron-dhcp-agent
ab9fda75-f24a-420e-b8de-196082ee5e8a	L3 agent	controller	nova	:-)	UP	neutron-l3-agent
d80ae2d7-586f-4883-ac8e-f63edd4ec655	Linux bridge agent	controller	None	:-)	UP	neutron-linuxbridge-agent
e98d3177-dab0-4cc1-96a7-d581888b6853	Linux bridge agent	compute1	None	:-)	UP	neutron-linuxbridge-agent

图 15-1 验证服务

15.4 实验 3：设置网络参数

在开始实验前，需要熟悉各个节点的网络配置，使用 ifconfig 命令查看节点 Controller 和节点

Compute,发现这两个节点各有两个IP地址,一个内网IP地址(用于两者之间通信)和一个外网IP地址。

步骤一、创建外部网络

1. 在 Controller 节点上使用 OpenStack 超户环境变量,相关命令如下。

```
$ . admin-openrc
```

2. 创建网络,相关命令如下。

```
root@controller:~# neutron net-create ext-net --router:external True \
> --provider:physical_network external --provider:network_type flat
Created a new network:
+---------------------------+--------------------------------------+
| Field                     | Value                                |
+---------------------------+--------------------------------------+
| admin_state_up            | True                                 |
| id                        | a7a157e9-461c-411e-a257-cf2e23f331c2 |
| name                      | ext-net                              |
| provider:network_type     | flat                                 |
| provider:physical_network | external                             |
| provider:segmentation_id  |                                      |
| router:external           | True                                 |
| shared                    | False                                |
| status                    | ACTIVE                               |
| subnets                   |                                      |
| tenant_id                 | df8e40dcd7b9406293251a1ff96f8eee     |
+---------------------------+--------------------------------------+
```

步骤二、创建外部子网

利用以下命令创建外部子网。

```
openstack subnet create-network NETWORK_NAME\
--allocation-pool start=FLOATING_IP_START,end=FLOATING_IP_END \
--gateway EXTERNAL_NETWORK_GATEWAY EXTERNAL_NETWORK_CIDR \
--dns-nameserver DNS_IP-subnet-range SUBNET_RANGE <name>
```

根据命令的规则,使用以下命令创建一个子网。

```
root@controller:~# openstack subnet create --network provider \
--allocation-pool start=192.168.153.100,end=192.168.153.150 \
--gateway 192.168.153.1 --dns-nameserver 8.8.4.4  \
--description "subnet of provider network"  \
--subnet-range 192.168.153.0/24 provider
+---------------------------+--------------------------------------+
| Field                     | Value                                |
+---------------------------+--------------------------------------+
| allocation_pools          | 192.168.153.100-192.168.153.150      |
```

```
| cidr                      | 192.168.153.0/24                       |
| created_at                | 2019-06-27T07:47:34Z                   |
| description               | subnet of provider network             |
| dns_nameservers           | 8.8.4.4                                |
| enable_dhcp               | True                                   |
| gateway_ip                | 192.168.153.1                          |
| host_routes               |                                        |
| id                        | 59082af4-e801-4593-b91a-46616ad32b9e   |
| ip_version                | 4                                      |
| ipv6_address_mode         | None                                   |
| ipv6_ra_mode              | None                                   |
| name                      | provider                               |
| network_id                | de8d536d-81cd-4c78-a400-5fd74fb08da0   |
| project_id                | 7c91a5e966c04a23a042ab67708ad707       |
| revision_number           | 0                                      |
| segment_id                | None                                   |
| service_types             |                                        |
| subnetpool_id             | None                                   |
| tags                      |                                        |
| updated_at                | 2019-06-27T07:47:34Z                   |
| use_default_subnet_pool   | None                                   |
```

步骤三、创建租户网络

1. 在节点 Controller 上使用 Demo 用户环境变量，相关命令如下。

```
$ . demo-openrc
```

2. 创建网络，相关命令如下。

```
root@controller:~# openstack network create demo-net
Created a new network:
+---------------------------+----------------------------------------+
| Field                     | Value                                  |
+---------------------------+----------------------------------------+
| admin_state_up            | UP                                     |
| availability_zone_hints   |                                        |
| created_at                | 2019-06-27T07:47:34Z                   |
| description               |                                        |
| dns_nameservers           | None                                   |
| enable_dhcp               | True                                   |
| gateway_ip                | 192.168.153.1                          |
| host_routes               |                                        |
| id                        | e571130b-ffed-44b8-a4ae-7fae0945ca7f   |
| ip_version                | 4                                      |
| ipv6_address_mode         | None                                   |
| ipv6_ra_mode              | None                                   |
```

```
| name                  | demo_net                              |
| router:external       | Internal                              |
| project_id            | 7965cbdac8a14b99bf6cc2e5aa7ed9de      |
| revision_number       | 2                                     |
| segment_id            | None                                  |
| service_types         |                                       |
| subnetpool_id         | None                                  |
| tags                  |                                       |
| updated_at            | 2019-06-27T07:50:34Z                  |
| subnets               |                                       |
+-----------------------+---------------------------------------+
```

3. 在该网络上创建一个子网，相关命令如下。

```
root@controller:~# openstack subnet create --network demo-net-dns-nameserver
8.8.4.4 \
--gateway 192.168.1.1 --subnet-range demo-net 192.168.153.0/24 demo_net
```

4. 创建 Router，相关命令如下。

```
root@controller:~# openstack router create demo-router
Created a new router:
+-----------------------+---------------------------------------+
| Field                 | Value                                 |
+-----------------------+---------------------------------------+
| admin_state_up        | True                                  |
| external_gateway_info |                                       |
| id                    | bc179b8c-977f-4c81-af2f-19e750907532  |
| name                  | demo-router                           |
| routes                |                                       |
| status                | ACTIVE                                |
| tenant_id             | 24ea3ec4b2a64eb0af90f1cb411faac4      |
+-----------------------+---------------------------------------+
```

5. 将 Router 连接到租户子网上，相关命令如下。

```
root@controller:~# openstack router add subnet demo_router demo_net
Added interface 71c543f3-e35d-491d-b628-5eab9916cc7e to router demo-router.
```

6. 将 Router 连接到外部网络并将其设置为网关，相关命令如下。

```
root@controller:~# openstack router set demo-router-external-gateway provider
Set gateway for router demo-router
```

步骤四、验证连通性

利用以下命令验证连通性。

```
root@controller:~# ping -c 4 203.0.113.1
```

15.5 实验 4：Neutron 服务故障的检查与排除

1. 首先利用 neutron agent-list 命令确认 Neutron 服务是否启动。若某个代理启动不正常，则会少显示一行命令或在 alive 状态栏中显示为 xxx，图 15-2 是 Neutron Agent 服务列表。

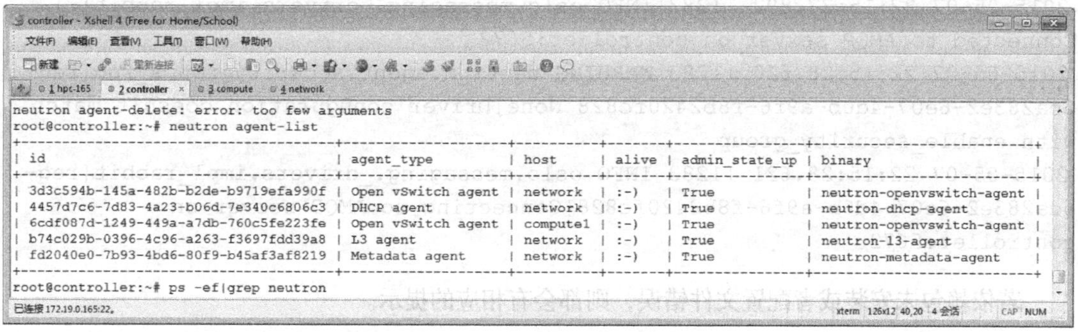

图 15-2 Neutron Agent 服务列表

若使用 ps -ef|grep neutron 命令查看 Neutron 服务是否启动，则会发现节点 Controller 存在 Neutron Server，相关命令如下。

```
root@controller:~# ps -ef|grep neutron
neutron    8642     1  0 20:54?        00:00:11 /usr/bin/python /usr/bin/
neutron-server --config-file /etc/neutron/neutron.conf --log-file /var/log/
neutron/server.log --config-file /etc/neutron/plugins/ml2/ml2_conf.in
```

节点 Compute 有三个进程，对应一个 Agent 进程和两个 Rootwrap 进程，相关命令如下。

```
root@controler:/etc/neutron/plugins/ml2# ps -ef|grep neutron
neutron    3581     1  0 20:53?        00:00:16 /usr/bin/python /usr/bin/
neutron-openvswitch-agent --config-file=/etc/neutronneutron.conf --config-file=/
etc/neutron/plugins/ml2/ml2_conf.ini --log-file=/var/log/neutron/openvswitch-
agent.log
root       3708  3581  0 20:53?        00:00:00 sudo /usr/bin/neutron-rootwrap
/etc/neutron/rootwrap.conf ovsdb-client monitor Interface name,ofport
--format=json
root       3710  3708  0 20:53?        00:00:00 /usr/bin/python /usr/bin/
neutron-rootwrap /etc/neutron/rootwrap.conf ovsdb-client monitor Interface
name,ofport --format=json
```

由于配置不同的 Agent，因此可能启动了多个进程，但是每个 Agent 都只能对应一个进程。

2. 若 Neutron 服务没有启动，则手动运行以下命令启动该服务。

```
root@controler:/etc/neutron/plugins/ml2# service neutron-plugin-openvswitch-
agent stop
neutron-plugin-openvswitch-agent stop/waiting
```

```
root@controller:/etc/neutron/plugins/ml2# /usr/bin/neutron-openvswitch-agent
2015-05-07 22:15:27.826 11283 INFO oslo.messaging._drivers.impl_rabbit[-]
Connecting to AMQP server on controller:5672
2015-05-07 22:15:27.863 11283 INFO oslo.messaging._drivers.impl_rabbit[-]
Connected to AMQP server on controller:5672
2015-05-07 22:15:27.870 11283 INFO oslo.messaging._drivers.impl_rabbit[-]
Connecting to AMQP server on controller:5672
2015-05-07 22:15:27.892 11283 INFO oslo.messaging._drivers.impl_rabbit[-]
Connected to AMQP server on controller:5672
2015-05-07 22:15:28.620 11283 WARNING neutron.agent.securitygroups_rpc[req-
6ca283e2-6e07-4d0b-a9f6-f8b2420fc828 None]Driver configuration doesn't match
with enable_security_group
2015-05-07 22:15:28.621 11283 INFO oslo.messaging._drivers.impl_rabbit[req-
6ca283e2-6e07-4d0b-a9f6-f8b2420fc828]Connecting to AMQP server on
controller:5672
```

若依赖包未安装或者配置文件错误,则都会有相应的提示。

3. 若Neutron服务已经启动,但是无法保证完全正确,则可以查看对应的log文件,相关命令如下。log文件的位置在/var/log/neutron下,不同的服务有不同的log文件。

```
root@compute1:/var/log/neutron# ls
openvswitch-agent.log  ovs-cleanup.log
root@network:/var/log/neutron# ls
dhcp-agent.log  l3-agent.log  metadata-agent.log  openvswitch-agent.log
ovs-cleanup.log
```

4. 因为Neutron服务是由Python语言编写的,所以它的源代码都是可读、可修改的,相关命令如下。

```
root@network:/var/log/neutron# whereis neutron
neutron: /usr/bin/neutron /etc/neutron
```

而其中用到的各种Neutron包均放在Python目录下,相关命令如下。

```
root@controller:/var/log/keystone# python
Python 2.7.6(default,Mar 22 2014,22:59:56)
[GCC 4.8.2]on linux2
Type "help", "copyright", "credits" or "license" for more information.
>>> import sys
>>> print sys.path
['', '/usr/lib/python2.7', '/usr/lib/python2.7/plat-x86_64-linux-gnu', '/
usr/lib/python2.7/lib-tk', '/usr/lib/python2.7/lib-old', '/usr/lib/python2.7/
lib-dynload', '/usr/local/lib/python2.7/dist-packages', '/usr/lib/python2.7/
dist-packages', '/usr/lib/python2.7/dist-packages/gtk-2.0']
>>> quit()
```

```
root@network:/usr/lib/python2.7/dist-packages# ls neutron
__init__.py        cmd            extensions    manager.pyc              policy.py
service.py    wsgi.py
__init__.pyc       common         hacking       neutron_plugin_base_v2.py    policy.
pyc   service.pyc   wsgi.pyc
agent              context.py     hooks.py      neutron_plugin_base_v2.pyc   quota.py
services
api                context.pyc    hooks.pyc     notifiers                quota.pyc
tests
auth.py            db             locale        openstack                scheduler
version.py
auth.pyc           debug          manager.py    plugins                  server
version.pyc
root@network:/usr/lib/python2.7/dist-packages# ls neutron/plugins
__init__.py        brocade        embrane       linuxbridge    ml2       nuage
opencontrail       ryu
__init__.pyc       cisco          hyperv        metaplugin     mlnx      ofagent
openvswitch        sriovnicagent
bigswitch          common         ibm           midonet        nec       oneconvergence    plumgrid
vmware
```

15.6 思考题

1. 虚拟机的 IP 地址是如何获取的？讨论 Nova 和 Neutron 的交互过程，以及不同网络配置下 IP 地址的分配范围。

2. 虚拟机是如何访问外部网络的？

3. 虚拟机之间是如何保证互通的？

第 16 章 安装 OpenStack 的 UI 组件

18.04 安装 Horizon

16.1 实验准备

一、实验时间

小于 120 分钟。

二、实验目标

完成本次实验后,将掌握以下内容。

- 学会安装 Dashboard 服务。
- 了解通过 Dashboard 创建虚拟机及网络的方法。
- 初步了解故障排除方法。

三、预备知识

在开始实验前,必须具备以下实验环境。

- 已安装了 Ubuntu 和 KVM 虚拟化平台。
- 两台虚拟机配置了网络,安装了 NTP 和 MySQL 等。

四、准备工作

- 已经安装两台虚拟机的 Ubuntu 虚拟化环境。
- 两台虚拟机上已安装完成 Keystone、Glance、Nova、Neutron 等服务。
- Xshell 中可使用重命名的方式修改 Tab 名,区分节点 Controller 和节点 Compute。

16.2 实验 1:安装 Dashboard 服务

Dashboard(仪表盘或面板)也称为 Horizon,是一个 Web 服务,方便管理员和用户管理各种 OpenStack 资源和服务。Horizon 内部可以调用不同的 Openstack API。Horizon 使用 Python 的 Django 框架实现，在本实验中 Horizon 搭建在 Apache 服务器上，其安装的具体内容参考第 7 章的安装文档。

步骤一、安装和配置组件

1. 安装 Package，相关命令如下。

```
# apt install openstack-dashboard
```

其中，openstack-dashboard 是与 Horizon 相关的 Python 组件。

2. 修改配置文件 /etc/openstack-dashboard/local_settings.py。

（1）设置 OpenStack 节点 Controller 的信息，相关命令如下。

```
OPENSTACK_HOST = "controller"
```

（2）允许所有的主机均可以访问 Dashboard，相关命令如下。

```
ALLOWED_HOSTS = ['*']
```

（3）配置 Memcached 服务，相关命令如下。

```
SESSION_ENGINE = 'django.contrib.sessions.backends.cache'

CACHES = {
    'default': {
        'BACKEND': 'django.core.cache.backends.memcached.MemcachedCache',
        'LOCATION': 'controller:11211',
    }
}
```

（4）配置其他参数，相关命令如下。

```
OPENSTACK_KEYSTONE_URL = "http://%s:5000/v3" % OPENSTACK_HOST

OPENSTACK_KEYSTONE_MULTIDOMAIN_SUPPORT = True

OPENSTACK_API_VERSIONS = {
    "identity": 3,
    "image": 2,
    "volume": 2,
}

OPENSTACK_KEYSTONE_DEFAULT_DOMAIN = "Default"

OPENSTACK_KEYSTONE_DEFAULT_ROLE = "user"
```

（5）配置时区（可选），相关命令如下。

```
TIME_ZONE = "TIME_ZONE"
```

注意，可在相关网址（http://en.wikipedia.org/wiki/List_of_tz_database_time_zones）上查看可用时区，其中，中国时区为CN。

（6）补充。文件 /etc/apache2/conf-available/openstack-dashboard.conf 中未包括以下内容，需要将以下内容添加到该文件中。

```
WSGIApplicationGroup %{GLOBAL}
```

步骤二、完成安装

重新加载 Web 服务，相关命令如下。

```
# service apache2 reload
```

注意，这里 Dashboard 并没有启动新的进程，而是通过重启 Apache 来读取新的配置文件并提供 Web 服务的。如果读者想进一步了解 Django 编程和 Apache 的配置方法，可以参考《Django Web 开发指南》中的相关内容。

步骤三、验证服务是否正常

1. 访问 Dashboard 服务，在主机中打开浏览器，输入 http://controller/horizon，弹出如图 16-1 所示的登录界面。

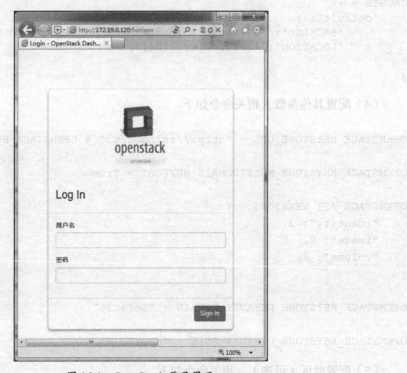

图 16-1　OpenStack 登录界面

2. 分别使用 Demo 用户名和 Admin 用户名登录，这时会存在以下两个问题。

问题 1：若在 Ubuntu 上安装虚拟机，且 Ubuntu 没有图形化界面，则需要在除这两台虚拟机外再安装一台有图形化界面的虚拟机，如 Windows 7 或有图形化包的 Linux（发行版）。

问题 2：有时页面显示很慢，原因是 Horizon 使用了 Googleusercontent 的字体，而防火墙阻止用户访问该网站，这样会花费很长的时间显示。此时需要在目录下 /usr/share/openstack-dashboard/static/dashboard/css/ 修改 css 文件。

以上两个问题的解决方法参考 http://bubuko.com/infodetail-620526.html。

16.3　实验 2：创建租户、用户和角色

1. 使用 Dashboard 创建一个项目（Tenant），其对话框如图 16-2 所示。

图 16-2　"创建项目"对话框

2. 使用 Dashboard 创建一个用户，角色设置为 admin 并将其关联至新创建的项目中，如图 16-3 所示。

3. 验证

（1）使用新创建的用户登录 OpenStack。

（2）在命令行使用 Keystone 命令查看新创建用户信息，相关命令如下。

```
keystone user-list
keystone tenant-list
```

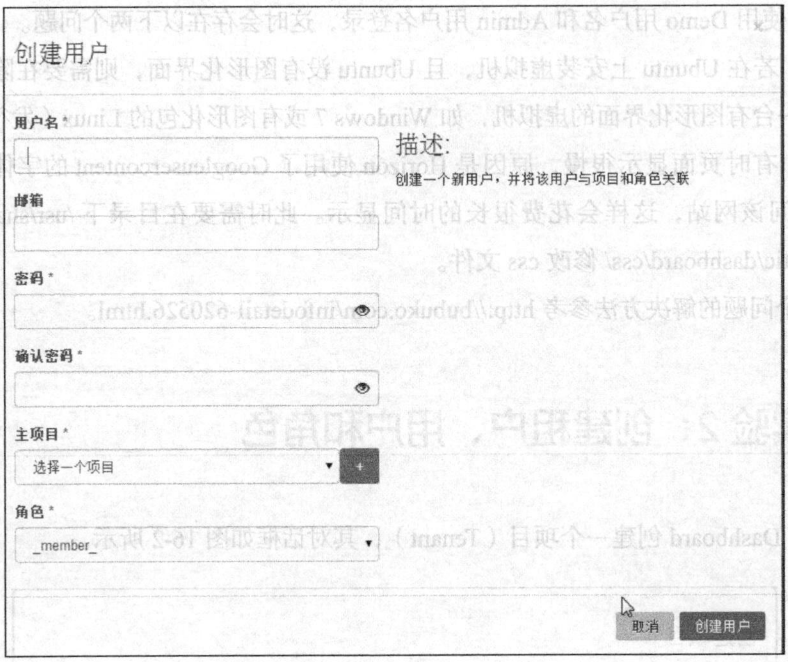

图 16-3 设置用户的基本信息

16.4 实验3：创建网络、子网、路由

1. 使用 Dashboard 创建一个网络，其对话框如图 16-4 所示。使用新创建的用户名登录，在左侧项目界面查看网络菜单，并创建网络和子网。

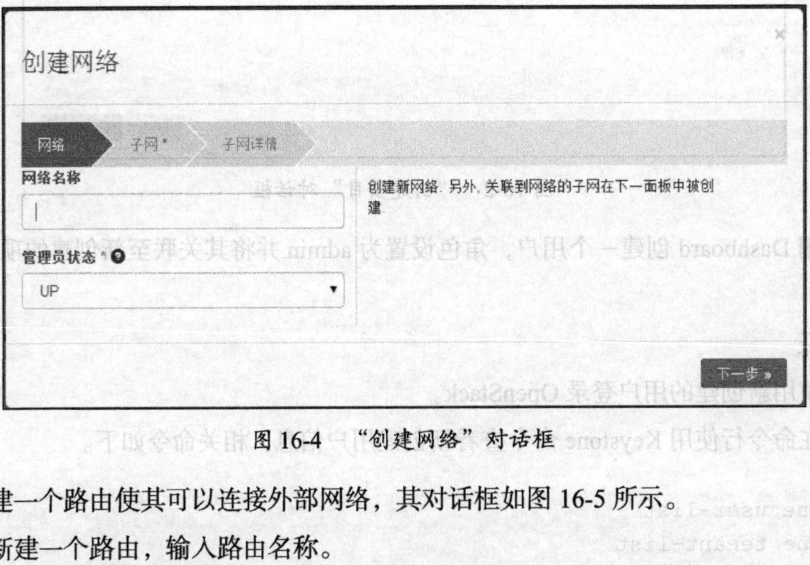

图 16-4 "创建网络"对话框

2. 创建一个路由使其可以连接外部网络，其对话框如图 16-5 所示。

（1）新建一个路由，输入路由名称。

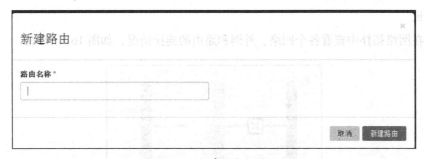

图 16-5 "新建路由"对话框

（2）设置网关，即外部网络（在路由信息的最后位置选择设置网关），其对话框如图 16-6 所示。

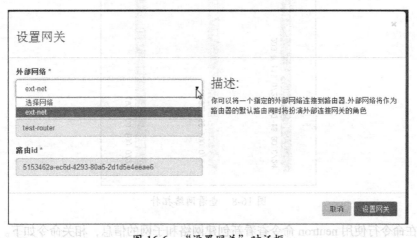

图 16-6 "设置网关"对话框

（3）增加一个接口，使其连接刚创建的网络，其对话框如图 16-7 所示。单击路由名称下的链接，进入路由详情，然后增加接口。

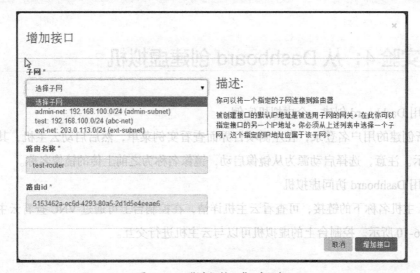

图 16-7 "增加接口"对话框

3. 验证

(1) 在网络拓扑中查看各个网络、外网和路由的连接情况，如图 16-8 所示。

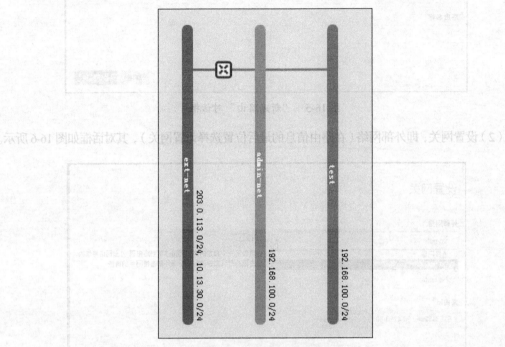

图 16-8　查看网络拓扑

(2) 在命令行使用 neutron 命令查看新创建网络和子网的信息，相关命令如下。

```
neutron net-list
neutron subnet-list
neutron router-list
```

16.5　实验 4：从 Dashboard 创建虚拟机

1. 使用 Dashboard 创建一个虚拟机实例

使用新创建的用户名登录，在左侧项目界面查看实例菜单，然后启动云主机，其对话框如图 16-9 所示。注意，选择启动源为从镜像启动，镜像名称为之前上传的镜像名称。

2. 使用 Dashboard 访问虚拟机

单击云主机名称下的链接，可查看云主机详情，在控制台上可通过 VNC 查看云主机启动界面，如图 16-10 所示。控制台上的虚拟机可以与云主机进行交互。

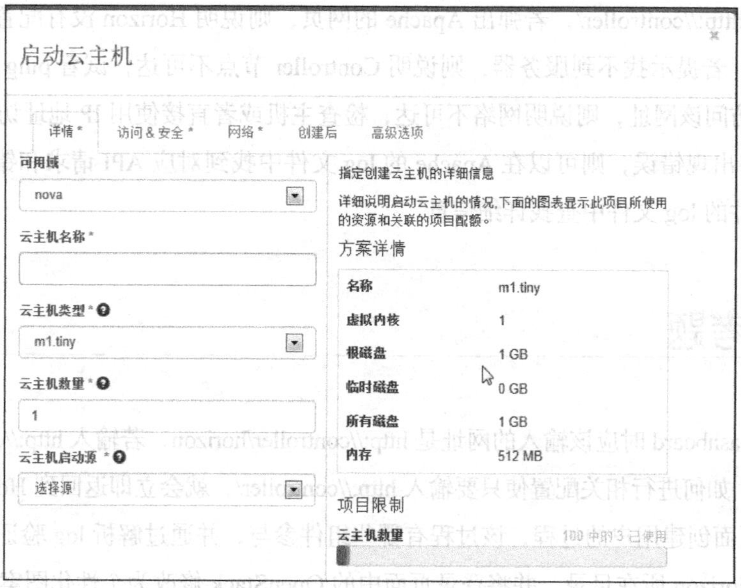

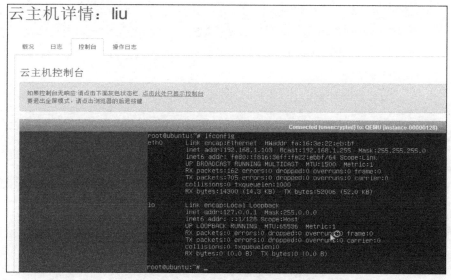

图 16-9 "启动云主机"对话框

图 16-10 "云主机控制台"界面

提示:若键盘无法输入相关内容,则可以尝试用鼠标单击控制台左、右两侧灰色部分再进行输入。

Horizon 服务的故障检查与排除

1. 若无法访问 Horizon 主页,则首先确认 Apache 服务是否启动。

首先访问 http://controller/，若弹出 Apache 的网页，则说明 Horizon 没有配置好，需要仔细检查配置文件。若提示找不到服务器，则说明 Controller 节点不可达，试着 ping 一下 Controller 节点。若不能访问该网址，则说明网络不可达，检查主机或者直接使用 IP 地址访问。

2. 若安装出现错误，则可以在 Apache 的 log 文件中找到对应 API 请求和错误信息，并且需要去对应组件的 log 文件中查找详细信息。

16.7 思考题

1. 访问 Dashboard 时应该输入的网址是 http://controller/horizon，若输入 http://controller，则会输出什么内容？如何进行相关配置使只要输入 http://controller/，就会立即返回到 Horizon 界面。
2. 分析页面创建用户的过程，该过程有哪些组件参与，并通过解析 log 验证相关结论。
3. 找到 Horizon 所在目录，并将登录页面中的 OpenStack 修改为个性化图案。

第 17 章 开源云存储系统 Ceph 简介

17.1 Ceph 是什么

　　Ceph 最初是一项关于存储系统的博士研究项目,是由 Sage Weil 在加利福尼亚大学圣克鲁兹分校实施的。2006 年,Sage Weil 博士在操作系统顶级会议(OSDI)上发表了关于 Ceph 设计和原型的论文,截至到 2020 年,该论文已被引用 1758 次。Ceph 不仅在学术界引起了广泛的关注,而且得到了产业界的认可,并得到了快速发展。自 2010 年 3 月开始,在主线 Linux 内核(自 2.6.34 版起)中已开始支持 Ceph。

　　Ceph 是一种支持对象存储、块存储、文件存储的独特统一的系统,具有高可用、易管理、免费等特点。Ceph 可以改变公司的互联网架构,从而实现海量数据的管理。Ceph 极具扩展性,使得成百上千的客户端可以访问 PB 到 EB 量级的数据。 单个的 Ceph 节点(OSD)可利用商用硬件和智能进程,Ceph 存储集群则包含大量的 Ceph 节点,节点之间相互通信,实现数据的动态复制与分布。Ceph Monitor 监控 Ceph 存储集群中的 Ceph 节点,同样 Ceph Monitor 也可以配成集群,确保其自身的高可用性。

　　图 17-1 是 Ceph 架构图,展示了 Ceph 的结构。最底层的 RADOS(Reliable Autonomic Distributed Object Store,可靠的自主分布式对象存储)对应 Ceph Storage Cluster,该层的上一层是 LIBRADOS,通过该库可以直接访问 RADOS 的服务。用户可以利用这个库开发自己的客户端应用,另外,Ceph 提供的对象存储(RADOSGW)、块设备(RBD)和文件系统(CEPHFS)也都是基于这个库完成的。

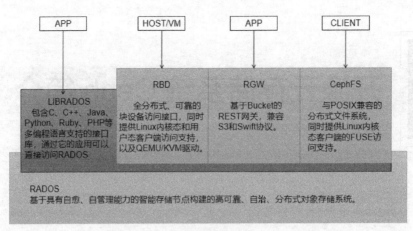

图 17-1 Ceph 架构图

17.2 Ceph 有什么优势

　　Ceph 是一个开源的、企业级的软件，可以定义、存储解决方案，它可以提供对象、文件和块存储三种服务。开源意味着部署和使用的成本很低，而强大的企业级功能和统一存储使其可适用于多种应用场景下，另外，高可扩展性和高可伸缩性使其可适用于多种规模的场景。

　　Ceph 具有很多企业级存储的特性，包括高可靠和高性能，它可以通过副本或纠删码保持数据，并且避免单点故障。同时 Ceph 也支持快照，具有自动精简配置和分级存储等功能。统一存储是指 Ceph 可以同时提供块、文件和对象的存储服务。

　　Ceph 采用 CRUSH 算法，可自动计算数据存储位置，避免元数据查找服务产生的瓶颈问题。在集群管理上，它具备自动伸缩能力，可动态增加和删除节点，可自动修复磁盘和节点的故障，节点可根据机柜的数据中心进行区域划分。

17.3 Ceph 的学习资料

　　1. Ceph 官网上有很多 Ceph 的入门学习资料，包括其架构、安装和使用等内容，相关网址是 http://docs.ceph.com/docs/master/ 。

　　2. Ceph 代码在 Github 上可以下载，相关网址是 https://github.com/ceph 。

　　在 CSDN 和 Ceph 中国社区（http://ceph.org.cn）等国内论坛和博客上，也有一些分析 Ceph 的文章。国内有关 Ceph 的图书不太多，主要介绍 Ceph 的框架和运维。Ceph 中文社区将 Ceph 官网的很多文档都进行了翻译，可以从这些文档入手学习 Ceph 的架构和部署方法等。《Ceph 分布式存储学习指南》介绍安装、部署和管理 Ceph 集群的相关知识，包括 Ceph 的架构和组件，以及如何修改 Ceph 的配置参数以达到最佳性能。《Ceph Cookbook 中文版》首先介绍如何创建 Ceph 集群，然后介绍如何配置块设备存储、对象存储和文件存储，最后介绍如何与 OpenStack 结合建立一个云存储系统。《Ceph 分布式存储实战》总体介绍 Ceph 的设计思想、核心功能和环境搭建，首先介绍 Ceph 特有的寻址算法 CRUSH，然后介绍三种存储方式的区别与使用方法，以及 Ceph 在 HPC 和云计算系统中的使用。

《Ceph 源码分析》介绍了 Ceph 的框架和主要代码，本书内容浅显易懂，可用于了解 Ceph 的基本原理。中兴通讯的 Clove 开发团队编著的《Ceph 设计原理与实现》一书从设计者和使用者的角度系统地剖析了 Ceph 的整体架构、核心设计理念，以及各个组件的功能与原理。从基本原理切入，采用循序渐进的方式自然过渡至 Ceph，并结合 Ceph 的核心设计理念指出需要进行哪些必要的改进和裁剪，使读者从 Ceph 的设计与实现中学到更多的原理和知识。同一团队随后的著作《Ceph 之 RADOS 设计原理与实现》以存储技术的基本原理（如分布式一致性、文件系统等）为主线，系统地剖析了 Ceph 核心组件 RADOS 的设计原理与具体实现。

Ceph 社区发展得很快，其代码不断地发生变化，某些书籍上的模块图和流程图可能与最新的代码不一致。读者在阅读书籍时可以下载与书中版本一致的旧代码理解原理，然后对照新代码进一步学习。总之，读者可以根据自身需要选择合适的书籍和相关参考资料进行学习。

第 18 章 安装和使用 Ceph 云存储系统

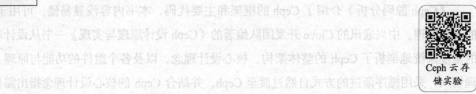

Ceph 云存储实验

18.1 实验准备

一、实验时间
375 分钟。

二、实验目标
完成本次实验后,需要掌握以下内容。
- 安装 Ceph 云存储系统。
- 理解 Ceph 提供的三种访问接口。
- 使用 Ceph 提供的三种访问接口存储数据。
- 初步了解故障排除方法。

三、预备知识
在开始实验前,必须具备以下实验环境。
- 已安装了 VMware 或 KVM 虚拟化平台。
- 3 台 Ubuntu 虚拟机。

四、术语缩写
- DHCP:Dynamic Host Configuration Protocol,动态主机设置协议。
- NAT:Network Address Translation,网络地址转换。
- SSH:Secure Shell,安全外壳协议。
- NTP:Network Time Protocol,网络时间协议。
- NFS:Network File System,网络文件系统。
- LVM:Logical Volume Manager,逻辑卷管理。
- PV:Physical Volume,物理卷。

- RADOS：Reliable Autonomic Distributed Object Store，可靠的自主分布式对象存储。
- OSD：Object Storage Device，对象存储设备。
- RBD：Rados Block Device Rados，块设备。
- PG：Placement Group，放置策略组。
- RGW：Rados Gateway Rados，网关。

五、准备工作

- 先安装一台虚拟机，下载必要的软件，在进行必要的配置后进行克隆，得到另外两台虚拟机。
- Xshell 中可使用重命名的方式修改 Tab 名，区分节点 node1、节点 node2 和节点 node3

六、注意

- 若虚拟机没有网络，则可能是没有开启 DHCP（Dynamic Host Configuration Protocol，动态主机设置协议）和 NAT（Network Address Translation，网络地址转换）服务，需要在服务中开启。
- 若设置 root 用户登录无效，则需要先设置 root 密码。

18.2 实验 1：安装 Ceph 云存储系统

Ceph 社区目前每年发布一个稳定版本，维护周期约为 2 年 2 个月。详细的版本列表可参考 Ceph 官网上的相关文档。Ceph 最新发布版本如表 18-1 所示。

表 18-1 Ceph 最新发布版本

版本名	发布时间	最终版本号	预计维护截止时间
Pacific	2021-03-31	16.2.4	2023-06-01
Octopus	2020-03-23	15.2.12	2022-06-01
Nautilus	2019-03-19	14.2.21	2021-06-01

Ceph 有多种安装方式，包括 Cephadm，Ceph-ansible，Rook 和 Ceph-deploy 等在内的脚本安装方式，也可以手动安装。目前，社区推荐的安装方式是 Cephadm 和 Rook。本节介绍通过使用 Cephadm 方式来安装 Ceph。

Cephadm 使用容器和 systemd 安装和管理 Ceph 集群，并与 CLI 和 dashboard GUI 紧密集成。

- Cephadm 只支持 Octopus 和更新的版本。
- Cephadm 与新的编排 API 完全集成，并且完全支持新的 CLI 和仪表板特性来管理集群部署。

- Cephadm 需要容器支持（podman 或 docker）和编程语言 Python 3。
- Rook 部署和管理在 Kubernetes 运行的 Ceph 集群，同时还支持通过 Kubernetes API 管理存储资源和供应。社区推荐 Rook 作为在 Kubernetes 运行 Ceph 的方式，或者将现有的 Ceph 存储集群连接到 Kubernetes。
- Rook 只支持 Nautilus 和更新版本的 Ceph。
- Rook 是在 Kubernetes 上运行 Ceph 或将 Kubernetes 集群连接到现有（外部）Ceph 集群的首选方法。
- Rook 支持新的编排 API，并完全支持 CLI 和仪表板中的新管理特性。

Nautilus 版本之后都未经过测试，并且不支持 RHEL8 和 CentOS 8 等新操作系统。其他安装方法也可以参考 Ceph 官网提供的参考文档。

步骤一：安装准备工作（15 分钟）

（1）准备 3 台 Ubuntu 20.04 机器或虚拟机，分别命名为 node1、node2 和 node3，其中各个节点的信息及最终启动的服务如表 18-2 所示。

表 18-2 各节点信息表及最终启动的服务

主机名	Public-IP	磁盘	角色
node1	192.168.248.101	系统盘：sda osd 盘：sdb	cephadm,monitor,mgr,rgw,mds,osd,nfs
node2	192.168.248.102	系统盘：sda osd 盘：sdb	monitor,mgr,rgw,mds,osd,nfs
node3	192.168.248.103	系统盘：sda osd 盘：sdb	monitor,mgr,rgw,mds,osd,nfs

（2）配置 Ubuntu 教育源加快安装包下载速度编辑 /etc/apt/sources.list 文件，将其中的官方源替换为国内源。教育网内可使用清华源，其他网络可使用阿里源。

Ubuntu 20.04 可修改为以下内容，注意对应 Ubuntu 版本。

```
# 默认注释了源码镜像，以提高 apt update 速度，如有需要可自行删除注释
deb https://mirrors.tuna.tsinghua.edu.cn/ubuntu/ focal main restricted universe multiverse
# deb-src https://mirrors.tuna.tsinghua.edu.cn/ubuntu/ focal main restricted universe multiverse
deb https://mirrors.tuna.tsinghua.edu.cn/ubuntu/ focal-updates main restricted universe multiverse
# deb-src https://mirrors.tuna.tsinghua.edu.cn/ubuntu/ focal-updates main restricted universe multiverse
deb https://mirrors.tuna.tsinghua.edu.cn/ubuntu/ focal-backports main restricted universe multiverse
# deb-src https://mirrors.tuna.tsinghua.edu.cn/ubuntu/ focal-backports main restricted universe multiverse
deb https://mirrors.tuna.tsinghua.edu.cn/ubuntu/ focal-security main restricted universe multiverse
```

```
# deb-src https://mirrors.tuna.tsinghua.edu.cn/ubuntu/ focal-security main
restricted universe multiverse

# 预发布软件源，不建议启用
# deb https://mirrors.tuna.tsinghua.edu.cn/ubuntu/ focal-proposed main
restricted universe multiverse
# deb-src https://mirrors.tuna.tsinghua.edu.cn/ubuntu/ focal-proposed main
restricted universe multiverse
```

使用以下命令更新源使生效。

```
#sudo apt-get update
```

（3）配置主机名。配置每台节点的主机名，便于后面的操作。此处以 node1 为例：

```
#hostnamectl set-hostname node1
```

也可以通过修改 /etc/hostname 文件实现，此处不多赘述。

（4）配置 hosts 解析。配置每台节点的 hosts 文件，便于后面操作。/etc/hosts 文件中记录了机器名和 IP 地址的对应关系，在 3 个节点的 /etc/hosts 文件中通过 vim 命令加入以下内容：

```
vim /etc/hosts
192.168.248.101 node1
192.168.248.102 node2
192.168.248.103 node3
```

修改完成后，在 node1 上输入 ping node2 应该可以看到 ping 命令自动将 node2 转换为对应的 IP 地址。

（5）配置时间同步。利用 chrony 或者 ntp 都可以配置时间同步，以下方法二选一。

```
# 配置时间同步
apt install -y chrony
```

或者安装 NTP（Network Time Protocol，网络时间协议）服务后各个节点时会自动与时间服务器进行同步。

```
# 配置时间同步也可以使用 ntp
apt install ntp
```

（6）配置免密登录。生成 key。

```
root@node1:~# ssh-keygen
Generating public/private rsa key pair.
```

```
Enter file in which to save the key (/root/.ssh/id_rsa):
Enter passphrase (empty for no passphrase):
Enter same passphrase again:
Your identification has been saved in /root/.ssh/id_rsa
Your public key has been saved in /root/.ssh/id_rsa.pub
The key fingerprint is:
SHA256:ZUDSgzovSFED/WcXDyaZHj/YMMoPsa7njjtrpKwUowc root@node1
The key's randomart image is:
+---[RSA 3072]----+
|  .+o .+oo       |
|  . ...o.X.+     |
|   . + = @o+     |
|    o * =o= .    |
|E+ . + =S. .     |
|..+ o o          |
|.o.o o           |
|...o +..         |
|.. .+Bo          |
+----[SHA256]-----+
```

输入 ssh-keygen 命令后,其他选项可一直按回车键选择默认值。命令执行完毕后,会在用户的 .ssh 目录下生成 id_rsa、id_rsa.pub 两个文件,分别是私钥和公钥。

使用以下命令复制 key 到其他节点。

```
ssh-copy-id root@node1
ssh-copy-id root@node2
ssh-copy-id root@node3
```

上面 3 条命令分别将公钥放入对应节点的 .ssh/authorized_keys 文件中。命令执行过程中,会要求输入目标节点对应用户的密码。命令执行完毕后,使用下面的命令验证,在 node1 节点测试连通性。

```
ssh root@node2
```

若设置成功,则可免密码登录进入 node2 的终端。如 node1 和 node2 的用户名一致,也可以使用 ssh node2。若输入正确的用户名和密码后仍拒绝访问,则需修改 /etc/ssh/sshd_config 文件中的 PermitRootLogin 选项为 yes,并重启 ssh 服务,允许 root 远程登录。

```
#/etc/init.d/ssh restart
```

步骤二:安装 Docker(15 分钟)

Cephadm 基于容器运行所有 ceph 组件,所有节点均需要安装 docker 或 podman,这里以安装 docker 为例。

```
#curl -fsSL https://get.docker.com | bash -s docker --mirror Aliyun
# 安装完通过 docker --version  查看是否成功
#docker --version
Docker version 20.10.7, build f0df350
```

步骤三：安装 Ceph 云存储系统（120 分钟）

在准备好节点和容器环境后，可通过 Cephadm 创建集群，并在各个节点上创建对应的服务。作为一个练习，我们将创建一个 Ceph 集群，它包括三个 OSD 和一个 monitor 进程。当 Cluster 的状态变为 active+clean 后，也可以继续加入新的服务。

（1）安装 Cephadm。Cephadm 命令可以执行以下操作：

- 引导新集群。
- 使用有效的 Ceph CLI 启动容器化的 Shell。
- 调试容器化的 Ceph 守护程序。

在 Ubuntu 中，使用特定于发行版的 Cephadm 安装 Ceph，相关命令如下：

```
apt install -y cephadm

sudo cephadm add-repo --release pacific
sudo rm /etc/apt/trusted.gpg.d/ceph.release.gpg
wget https://download.ceph.com/keys/release.asc
sudo apt-key add release.asc
sudo apt update
sudo cephadm install
```

这里指定安装 Pacific 版本，这是目前 Ceph 最新的版本，也可以指定其他的版本。

（2）引导新的集群。

在引导新的集群时，需要指定第一个 monitor daemon 的 IP 地址。通常，这只是第一台主机的 IP。若存在多个网络和接口，则需确保选择任何可供访问 Ceph 群集的主机访问的网络和接口。

需要引导集群执行以下命令：

```
#mkdir -p /etc/ceph

#cephadm bootstrap --mon-ip 192.168.248.101
```

该命令执行以下操作：

- 在本地主机上，为新集群创建 monitor 和 manager daemon 守护程序。
- 为 Ceph 集群生成一个新的 SSH 密钥，并将其添加到 root 用户的 */root/.ssh/authorized_keys* 文件中。
- 将与新群集进行通信所需的最小配置文件保存到 /etc/ceph/ceph.conf 中。

- 向 /etc/ceph/ceph.client.admin.keyring 文件中写入 client.admin 管理（特权）secret key 的副本。
- 将 public key 的副本写入 /etc/ceph/ceph.pub 中。

以上操作完成会输出如下信息：

```
Ceph Dashboard is now available at:

        URL: https://node1:8443/
        User: admin
    Password: 13pn3i3ht1

You can access the Ceph CLI with:

    sudo /usr/sbin/cephadm shell --fsid 1b722ae4-baf7-11eb-89a1-279b8fef9364 -c /etc/ceph/ceph.conf -k /etc/ceph/ceph.client.admin.keyring

Please consider enabling telemetry to help improve Ceph:

    ceph telemetry on

For more information see:

    https://docs.ceph.com/docs/pacific/mgr/telemetry/

Bootstrap complete.
```

命令执行完毕后，可以通过 Web 浏览器登录 Dashboard，查看集群状态。用户名和密码都以明文形式给出，第一次登录时会提示修改密码。

（3）使用以下命令查看当前配置文件变化。

```
root@node1:~# ll /etc/ceph/
total 20
drwxr-xr-x  2 root root 4096 Apr 23 05:39 ./
drwxr-xr-x 99 root root 4096 Apr 23 05:33 ../
-rw-------  1 root root   63 Apr 23 05:39 ceph.client.admin.keyring
-rw-r--r--  1 root root  181 Apr 23 05:39 ceph.conf
-rw-r--r--  1 root root  595 Apr 23 05:39 ceph.pub

root@node1:~# cat /etc/ceph/ceph.conf
# minimal ceph.conf for 09fb0bd6-a3f6-11eb-a201-03b629f6495c
[global]
    fsid = 09fb0bd6-a3f6-11eb-a201-03b629f6495c
    mon_host = [v2:192.168.248.101:3300/0,v1:192.168.248.101:6789/0]
```

（4）使用以下命令查看拉取的镜像和启动的容器。

```
root@node1:~# docker images
REPOSITORY              TAG          IMAGE ID         CREATED          SIZE
ceph/ceph               v16          c757e4a3636b     3 days ago       1.1GB
ceph/ceph-grafana       6.7.4        80728b29ad3f     4 months ago     485MB
prom/prometheus         v2.18.1      de242295e225     11 months ago    140MB
prom/alertmanager       v0.20.0      0881eb8f169f     16 months ago    52.1MB
prom/node-exporter      v0.18.1      e5a616e4b9cf     22 months ago    22.9MB


root@node1:~# docker ps -a
CONTAINER ID      IMAGE                          COMMAND                   CREATED
STATUS            PORTS        NAMES
eb38216c0345      prom/alertmanager:v0.20.0      "/bin/alertmanager -…"    10
minutes ago       Up 10 minutes                  ceph-09fb0bd6-a3f6-11eb-a201-
03b629f6495c-alertmanager.node1
17b11f633b62      ceph/ceph-grafana:6.7.4        "/bin/sh -c 'grafana…"    10
minutes ago       Up 10 minutes                  ceph-09fb0bd6-a3f6-11eb-a201-
03b629f6495c-grafana.node1
2dec4f9d5d44      prom/prometheus:v2.18.1        "/bin/prometheus --c…"    10
minutes ago       Up 10 minutes                  ceph-09fb0bd6-a3f6-11eb-a201-
03b629f6495c-prometheus.node1
9b96be913cf4      prom/node-exporter:v0.18.1     "/bin/node_exporter …"    11
minutes ago       Up 11 minutes                  ceph-09fb0bd6-a3f6-11eb-a201-
03b629f6495c-node-exporter.node1
6550ecdd062d      ceph/ceph                      "/usr/bin/ceph-crash…"    12
minutes ago       Up 12 minutes                  ceph-09fb0bd6-a3f6-11eb-a201-
03b629f6495c-crash.node1
03e80dceb72a      ceph/ceph:v16                  "/usr/bin/ceph-mgr -…"    13
minutes ago       Up 13 minutes                  ceph-09fb0bd6-a3f6-11eb-a201-
03b629f6495c-mgr.node1.cwmyyw
8402b000a7a0      ceph/ceph:v16                  "/usr/bin/ceph-mon -…"    13
minutes ago       Up 13 minutes                  ceph-09fb0bd6-a3f6-11eb-a201-
03b629f6495c-mon.node1
```

（5）使用以下命令查看所有组件运行状态。

```
[root@node1 ~]#ceph orch ps
```

（6）根据初始化完成的提示使用浏览器访问 Dashboard，结果如图 18-1 所示。图中显示 Cluster 的状态为 HEALTH_WARN，只有一个主机启动了镜像，而没有启动 OSD。

（7）启用 ceph 命令。ceph 命令可通过命令行方式配置集群并查看状态。有两种方式部署安装 ceph 命令。一种是通过 Cephadm 启动安装了 ceph 包的容器，在容器内使用 ceph 命令。一种是在主机上直接安装 ceph-common。

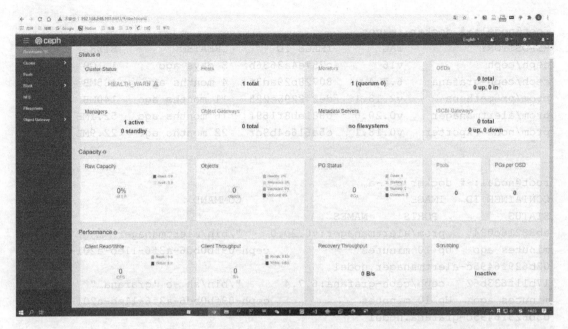

图 18-1　Dashboard 示意图

cephadm shell 命令在安装了所有 ceph 包的容器中启动 bash shell。默认情况下，若在主机上的 /etc/ceph 中找到配置和 keyring 文件，则会将它们传递到容器环境中，以便 shell 完全正常工作。注意，在 MON 主机上执行时，cephadm shell 将从 MON 容器推断配置，而不是使用默认配置。若给定 --mount，则主机（文件或目录）将显示在容器中的 /mnt 下。

```
root@node1:~# cephadm shell
Inferring fsid bbc4969c-c6e3-11eb-b9b3-8191e10e8756
Inferring config /var/lib/ceph/bbc4969c-c6e3-11eb-b9b3-8191e10e8756/mon.
node1/config
Using recent ceph image ceph/ceph@sha256:056637972a107df4096f10951e4216b21fc
d8ae0b9fb4552e628d35df3f61139
root@node1:/#
```

这种情况下启动了一个安装了 ceph 的容器，并可在其中执行 ceph 命令。也可以在主机上直接安装 ceph-common 包，里面包含了所有的 ceph 命令，其中包括 ceph、rbd、mount.ceph（用于安装 CephFS 文件系统）等。在需要安装 Ceph 命令的节点上运行以下命令。

```
#cephadm add-repo --release pacific
#cephadm install ceph-common
```

使用以下 Ceph 命令确认该命令是否可访问。

```
root@node1:/# ceph -v
ceph version 16.2.1 (afb9061ab4117f798c858c741efa6390e48ccf10) pacific
(stable)
```

通过以下 ceph 命令确认命令可以连接到集群及显示状态。

```
root@node1:/# ceph status
  cluster:
    id:     09fb0bd6-a3f6-11eb-a201-03b629f6495c
    health: HEALTH_WARN
            OSD count 0 < osd_pool_default_size 3

  services:
    mon: 1 daemons, quorum node1 (age 26m)
    mgr: node1.cwmyyw(active, since 25m)
    osd: 0 osds: 0 up, 0 in

  data:
    pools:   0 pools, 0 pgs
    objects: 0 objects, 0 B
    usage:   0 B used, 0 B / 0 B avail
    pgs:
```

（8）将主机添加到集群中，若要将新主机添加到群集，则执行以下步骤。

① 在新主机的根用户 authorized_keys 文件中安装集群的公共 SSH 密钥。

```
ssh-copy-id -f -i /etc/ceph/ceph.pub root@node2
ssh-copy-id -f -i /etc/ceph/ceph.pub root@node3
```

② 通知 ceph，新节点是集群的一部分。

```
root@node1:~# ceph orch host add node2
Added host 'node2'
root@node1:~# ceph orch host add node3
Added host 'node3'
```

③ 查看 ceph 纳管的所有节点。

```
root@node1:~# ceph orch host ls
HOST   ADDR   LABELS  STATUS
node1  node1
node2  node2
node3  node3
```

④ 添加完成后，ceph 会自动扩展 monitor 和 manager 到另外两个节点，在另外两个节点查看，自动运行了以下容器。

```
root@node2:~# docker ps
CONTAINER ID        IMAGE                              COMMAND                  CREATED
STATUS              PORTS              NAMES
5b7a1b9d8976        prom/node-exporter:v0.18.1         "/bin/node_exporter …"   4
minutes ago         Up 4 minutes                       ceph-09fb0bd6-a3f6-11eb-a201-
03b629f6495c-node-exporter.node2
776f28644e37        ceph/ceph                          "/usr/bin/ceph-mon -…"   14
minutes ago         Up 14 minutes                      ceph-09fb0bd6-a3f6-11eb-a201-
03b629f6495c-mon.node2
bf9e019265a4        ceph/ceph                          "/usr/bin/ceph-crash…"   14
minutes ago         Up 14 minutes                      ceph-09fb0bd6-a3f6-11eb-a201-
03b629f6495c-crash.node2

root@node3:~# docker ps
CONTAINER ID        IMAGE                              COMMAND                  CREATED
STATUS              PORTS              NAMES
ee14ce326f5a        prom/node-exporter:v0.18.1         "/bin/node_exporter …"   3
minutes ago         Up 3 minutes                       ceph-09fb0bd6-a3f6-11eb-a201-
03b629f6495c-node-exporter.node3
6f36f4cdb8a6        ceph/ceph                          "/usr/bin/ceph-mon -…"   13
minutes ago         Up 13 minutes                      ceph-09fb0bd6-a3f6-11eb-a201-
03b629f6495c-mon.node3
3c8592c495d0        ceph/ceph                          "/usr/bin/ceph-mgr -…"   13
minutes ago         Up 13 minutes                      ceph-09fb0bd6-a3f6-11eb-a201-
03b629f6495c-mgr.node3.ujumdt
e79458f6376b        ceph/ceph                          "/usr/bin/ceph-crash…"   13
minutes ago         Up 13 minutes                      ceph-09fb0bd6-a3f6-11eb-a201-
03b629f6495c-crash.node3
```

⑤ 查看 ceph 集群状态。

```
root@node1:~# ceph -s
  cluster:
    id:     09fb0bd6-a3f6-11eb-a201-03b629f6495c
    health: HEALTH_WARN
            OSD count 0 < osd_pool_default_size 3

  services:
    mon: 3 daemons, quorum node1,node2,node3 (age 11m)
    mgr: node1.cwmyyw(active, since 67m), standbys: node3.ujumdt
    osd: 0 osds: 0 up, 0 in

  data:
    pools:   0 pools, 0 pgs
    objects: 0 objects, 0 B
    usage:   0 B used, 0 B / 0 B avail
    pgs:
```

（9）部署 OSD

这步首先要确保在三个节点上有未使用的硬盘，在 VMware 和 KVM 的环境下都可以方便地增加硬盘，具体方法参考前面相关章节。这里假设在三个节点上都增加了一个硬盘。

所有群集主机上的存储设备清单均可以显示为以下内容。

ceph orch device ls

若满足以下所有条件，则认为存储设备可用。
- 设备不允许分区。
- 设备不得具有任何 LVM 状态。
- 该设备不得包含文件系统。
- 该设备不得包含 Ceph BlueStore OSD。
- 设备必须大于 5 GB。

Cephadm 会检查哪些节点上有可用设备，然后在这些节点上配置 OSD。

通知 Ceph 使用任何可用和未使用的存储设备：

```
# ceph orch apply osd --all-available-devices
```

此处每台节点上的 /dev/sdb 设备为我们增加未曾使用过的新硬盘，并在其上创建 OSD。

```
root@node1:~# ceph orch daemon add osd node1:/dev/sdb
Created osd(s) 0 on host 'node1'
root@node1:~# ceph orch daemon add osd node2:/dev/sdb
Created osd(s) 1 on host 'node2'
root@node1:~# ceph orch daemon add osd node3:/dev/sdb
Created osd(s) 2 on host 'node3'

root@node1:~# ceph orch device ls
Hostname  Path      Type  Serial  Size    Health   Ident  Fault  Available
node1     /dev/fd0  hdd           1474k   Unknown  N/A    N/A    No
node1     /dev/sdb  hdd           21.4G   Unknown  N/A    N/A    No
node2     /dev/fd0  hdd           4096    Unknown  N/A    N/A    No
node2     /dev/sdb  hdd           21.4G   Unknown  N/A    N/A    No
node3     /dev/fd0  hdd           4096    Unknown  N/A    N/A    No
node3     /dev/sdb  hdd           21.4G   Unknown  N/A    N/A    No
```

（10）查看集群状态。

```
root@node1:~# ceph -s
  cluster:
    id:     09fb0bd6-a3f6-11eb-a201-03b629f6495c
    health: HEALTH_OK
```

```
  services:
    mon: 3 daemons, quorum node1,node2,node3 (age 8m)
    mgr: node1.cwmyyw(active, since 8m), standbys: node3.ujumdt
    osd: 3 osds: 3 up (since 50s), 3 in (since 58s)

  data:
    pools:   1 pools, 1 pgs
    objects: 0 objects, 0 B
    usage:   15 MiB used, 60 GiB / 60 GiB avail
    pgs:     1 active+clean
```

Dashboard 也会更新集群状态，如图 18-2 所示。

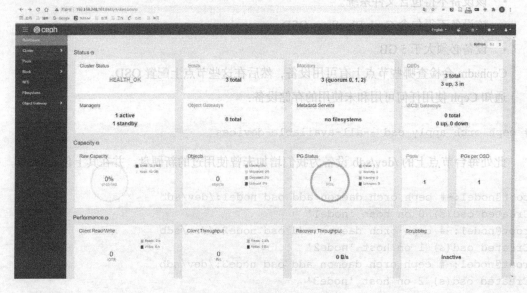

图 18-2　更新状态后的 Dashboard

（11）部署元数据服务器 MDS

若使用 CephFS 文件系统，则需要一个或多个 MDS 守护程序；若使用较新的界面来创建新的文件系统，则会自动创建这些文件。

```
root@node1:~# ceph osd pool create cephfs_data 64 64
pool 'cephfs_data' created

root@node1:~# ceph osd pool create cephfs_metadata 64 64
pool 'cephfs_metadata' created

root@node1:~# ceph fs new cephfs cephfs_metadata cephfs_data
new fs with metadata pool 3 and data pool 2

root@node1:~# ceph fs ls
```

```
name: cephfs, metadata pool: cephfs_metadata, data pools: [cephfs_data ]

root@node1:~# ceph orch apply mds cephfs --placement=3 node1 node2 node3"
Scheduled mds.cephfs update...


# 查看 MDS 是否启动
root@node1:~# ceph orch ps --daemon-type mds
NAME                     HOST   STATUS         REFRESHED  AGE  PORTS  VERSION
IMAGE ID      CONTAINER ID
mds.cephfs.node1.xfvlih  node1  running (28m)  5m ago     4w   -      16.2.1
c757e4a3636b  5733ed8759f6
mds.cephfs.node2.rmyjsz  node2  running (27m)  5m ago     4w   -      16.2.1
c757e4a3636b  4763d61b62ca
mds.cephfs.node3.lnblem  node3  running (27m)  5m ago     4w   -      16.2.1
c757e4a3636b  3c0db96c4c99


# 查看当前集群的所有 pool
root@node1:~# ceph osd lspools
1 device_health_metrics
2 cephfs_data
3 cephfs_metadata
```

使用以下命令查看节点启动了一个 MDS 容器。

```
root@node1:~# docker ps | grep mds
43b3762074e0    ceph/ceph                          "/usr/bin/ceph-mds -…"   27
seconds ago     Up 27 seconds          ceph-09fb0bd6-a3f6-11eb-a201-
03b629f6495c-mds.cephfs.node1.xfvlih
```

使用以下命令查看集群状态。

```
root@node1:~# ceph -s
  cluster:
    id:     09fb0bd6-a3f6-11eb-a201-03b629f6495c
    health: HEALTH_OK

  services:
    mon: 3 daemons, quorum node1,node2,node3 (age 21m)
    mgr: node1.cwmyyw(active, since 21m), standbys: node3.ujumdt
    mds: 1/1 daemons up, 2 standby
    osd: 3 osds: 3 up (since 14m), 3 in (since 14m)

  data:
    volumes: 1/1 healthy
    pools:   3 pools, 121 pgs
```

```
    objects: 22 objects, 2.3 KiB
    usage:   22 MiB used, 60 GiB / 60 GiB avail
    pgs:     0.826% pgs not active
             120 active+clean
             1   clean+premerge+peered

  progress:
    Global Recovery Event (10s)
      [===========================.]
```

通过 Web 浏览器看 Dashboard，也可以看到有三个 Metadata Services，其中一个是 Active，两个是 Stand by。

（12）部署 RGWS。Cephadm 将 radosgw 部署为管理特定领域和区域的守护程序的集合。

注意，使用 Cephadm 时，radosgw 守护程序是通过 monitor 配置数据库而不是通过 ceph.conf 或命令行来配置的。如果该配置尚未就绪（通常在 client.rgw.<realmname>.<zonename> 中），那么 radosgw 守护程序将使用默认设置（如绑定到端口 80）启动。

例如，在 node1、node2 和 node3 上部署 3 个服务于 _myorg_ 区域和 _us-east-1_ 区域的 rgw 守护程序：

```
# 若尚未创建领域，则需要首先创建一个领域
root@node1:~# radosgw-admin realm create --rgw-realm=myorg --default

# 接下来创建一个新的区域组
root@node1:~# radosgw-admin zonegroup create --rgw-zonegroup=default --master
--default

# 接下来创建一个区域
root@node1:~# radosgw-admin zone create --rgw-zonegroup=default --rgw-
zone=cn-east-1 --master --default

#
radosgw-admin period update --rgw-realm=myorg --commit

# 为特定领域和区域部署一组 radosgw 守护程序
ceph orch apply rgw east --realm=myorg --zone=cn-east-1 --placement="3 node1
node2 node3"
```

使用以下命令查看服务状态。

```
root@node1:~# docker ps | grep rgw
ab4a83cf494f ceph/ceph "/usr/bin/radosgw -n…"   6 seconds ago   Up 5 seconds
ceph-09fb0bd6-a3f6-11eb-a201-03b629f6495c-rgw.east.node1.stmmnp

root@node1:~# ceph orch ls | grep rgw
```

```
rgw.east              3/3    15s ago    10m   node1;node2;node3;count:3
c757e4a3636b


root@node1:~# ceph orch ps --daemon-type rgw
NAME                       HOST   STATUS         REFRESHED  AGE  PORTS  VERSION
IMAGE ID        CONTAINER ID
rgw.east.node1.stmmnp      node1  running (32m)  8m ago     4w   *:80   16.2.1
c757e4a3636b    e7be705443a1
rgw.east.node2.cuqbht      node2  running (30m)  8m ago     4w   *:80   16.2.1
c757e4a3636b    818f5dc16abc
rgw.east.node3.opmptx      node3  running (30m)  8m ago     4w   *:80   16.2.1
c757e4a3636b    5712d7786753
```

实验 2：使用 Ceph 云存储系统的块存储

Ceph 提供了块存储、文件存储和对象存储三种访问方式。块存储是云计算系统使用 Ceph 存储的常见方式。

使用以下命令创建 RBD。

```
root@node1:~# ceph osd pool create rbd 1
pool 'rbd' created

# application enable RBD
root@node1:~# ceph osd pool application enable rbd rbd
enabled application 'rbd' on pool 'rbd'
```

使用以下命令创建 rbd 存储，此处指定大小为 1GB。

```
root@node1:~# rbd create rbd1 --size 1024
```

使用以下命令查看 rbd 信息。

```
root@node1:~#  rbd --image rbd1 info
rbd image 'rbd1:
    size 1 GiB in 256 objects
    order 22 (4 MiB objects)
    snapshot_count: 0
    id: d4b96918a40b
    block_name_prefix: rbd_data.d4b96918a40b
    format: 2
    features: layering, exclusive-lock, object-map, fast-diff, deep-flatten
    op_features:
```

```
        flags:
        create_timestamp: Fri May 21 14:05:20 2021
        access_timestamp: Fri May 21 14:05:20 2021
        modify_timestamp: Fri May 21 14:05:20 2021
root@node1:~# ceph osd crush tunables hammer
adjusted tunables profile to hammer

root@node1:~# ceph osd crush reweight-all
reweighted crush hierarchy
```

由于使用以下命令关闭一些内核默认不支持的特性。

```
rbd feature disable rbd1 exclusive-lock object-map fast-diff deep-flatten
```

因此需要使用以下命令查看特性是否已禁用。

```
root@node1:~# rbd --image rbd1 info | grep features
        features: layering
        op_features:
```

使用以下命令映射到客户端(在需要挂载的客户端运行)。

```
root@node1:~#  rbd map --image rbd1
/dev/rbd0
```

使用以下命令查看映射情况。

```
root@node1:~# rbd showmapped
id  pool   namespace  image  snap  device
0   rbd               rbd1   -     /dev/rbd0
```

使用以下命令进行格式化。

```
root@node1:~# mkfs.xfs /dev/rbd0
meta-data=/dev/rbd0              isize=512    agcount=8, agsize=32768 blks
         =                       sectsz=512   attr=2, projid32bit=1
         =                       crc=1        finobt=1, sparse=1, rmapbt=0
         =                       reflink=1
data     =                       bsize=4096   blocks=262144, imaxpct=25
         =                       sunit=16     swidth=16 blks
naming   =version 2              bsize=4096   ascii-ci=0, ftype=1
log      =internal log           bsize=4096   blocks=2560, version=2
         =                       sectsz=512   sunit=16 blks, lazy-count=1
realtime =none                   extsz=4096   blocks=0, rtextents=0
```

使用以下命令创建挂载目录，并将 rbd 挂载到指定目录中。

```
root@node1:~# mkdir /home/gavin/rbd
```

```
root@node1:~# mount /dev/rbd0  /home/gavin/rbd
```

使用以下命令查看挂载情况。

```
root@node1:~# df -hl | grep rbd
/dev/rbd0                      1014M    40M  975M   4% /home/gavin/rbd
```

 实验 3：使用 Ceph 云存储系统的文件接口

Ceph 提供的文件系统接口使客户端可以通过 mount 命令直接挂载文件系统。类似于 NFS （Network File System 网络文件系统）这样的网络文件系统，多个客户端可以同时访问一个文件系统。

步骤一：创建用户用于客户端访问 CephFs（15 分钟）

```
root@node1:/etc/ceph# ceph auth get-or-create client.cephfs mon 'allow r'
mds 'allow r, allow rw path=/' osd 'allow rw pool=cephfs_data' -o ceph.
client.cephfs.keyring
```

步骤二： 获取用户 token（15 分钟）

分布式文件系统可由指定用户使用。当用户使用 CephFS 时的鉴权方式为 mount 时，指定用户名和 key。

```
ceph auth get-key client.cephfs
AQBYy6dgnLzoCRAA5Hz7mvAjrjkLus4bQquJeg==
```

步骤三：创建挂载目录（10 分钟）

创建挂载目录，并将 Ceph 挂载到指定目录中，此种挂载方式被称为内核驱动的挂载方式，也可以将其通过 NFS Ganesha 输出为 NFS 服务器格式。

创建一个目录作为挂载点，然后使用 mount 命令挂载 CephFS。挂载时需要指定 Monitor 服务的 IP 地址，用户名和 key 文件。

默认需要指定用户名和 key 文件，在本实验环境中，执行以下命令：

```
root@node1:/etc/ceph# mkdir /home/gavin/cephfs/
root@node1:/etc/ceph# mount -t ceph node1:/ /home/gavin/cephfs/ -o name=ceph
fs,secret=AQBYy6dgnLzoCRAA5Hz7mvAjrjkLus4bQquJeg==
```

挂载完成后，可进入 /home/gavin/cephfs/ 目录中，此时 CephFS 已挂载，其下没有文件或目录。可以自行创建文件和目录。

步骤四：查看挂载（10 分钟）

```
root@node1:/etc/ceph# mount | grep cephfs
192.168.248.101:/ on /home/gavin/cephfs type ceph (rw,relatime,name=cephfs,s
ecret=<hidden>,acl)
```

18.5 实验 4：使用 Ceph 云存储系统的对象接口

Ceph 底层存储采用的是对象存储，通过提供对象网关，客户端可直接访问其中存放的对象。Ceph 还提供了一个简单的 Web 服务用于提供对象访问。

有两种对象访问 API，分别是 S3 和 Swift。我们此处以 S3 为例。

（1）使用以下命令安装 AWS S3 API。

```
root@node1:~# apt-get install s3cmd
```

（2）使用以下命令创建用户。

```
root@node1:~# radosgw-admin user create --uid=s3 --display-name="objcet storage" --system
{
    "user_id": "s3",
    "display_name": "objcet storage",
    "email": "",
    "suspended": 0,
    "max_buckets": 1000,
    "subusers": [],
    "keys": [
        {
            "user": "s3",
            "access_key": "Z14YG4VQ8ZW18CKF17BH",
            "secret_key": "t8hoosLKHorGtPa68tRQDKenSraJ4sVrtWjXTjwQ"
        }
    ],
    "swift_keys": [],
    "caps": [],
    "op_mask": "read, write, delete",
    "system": "true",
    "default_placement": "",
    "default_storage_class": "",
    "placement_tags": [],
    "bucket_quota": {
        "enabled": false,
        "check_on_raw": false,
```

```
        "max_size": -1,
        "max_size_kb": 0,
        "max_objects": -1
    },
    "user_quota": {
        "enabled": false,
        "check_on_raw": false,
        "max_size": -1,
        "max_size_kb": 0,
        "max_objects": -1
    },
    "temp_url_keys": [],
    "type": "rgw",
    "mfa_ids": []
}
```

（3）使用以下命令获取用户 access_key 和 secret_key。

```
root@node1:~# radosgw-admin user info --uid=s3 | grep -E "access_key|secret_key"
        "access_key": "Z14YG4VQ8ZW18CKF17BH",
        "secret_key": "t8hoosLKHorGtPa68tRQDKenSraJ4sVrtWjXTjwQ"
```

（4）使用以下命令生成 S3 客户端配置 (设置一下参数，其余默认即可)。

```
root@node1:~# s3cmd –configure

Enter new values or accept defaults in brackets with Enter.
Refer to user manual for detailed description of all options.

Access key and Secret key are your identifiers for Amazon S3. Leave them
empty for using the env variables.
Access Key: Z14YG4VQ8ZW18CKF17BH^H^C
Configuration aborted. Changes were NOT saved.
root@node1:~# s3cmd --configure

Enter new values or accept defaults in brackets with Enter.
Refer to user manual for detailed description of all options.

Access key and Secret key are your identifiers for Amazon S3. Leave them
empty for using the env variables.
Access Key: Z14YG4VQ8ZW18CKF17BH
Secret Key: t8hoosLKHorGtPa68tRQDKenSraJ4sVrtWjXTjwQ
Default Region [US]:

Use "s3.amazonaws.com" for S3 Endpoint and not modify it to the target
Amazon S3.
```

```
S3 Endpoint [s3.amazonaws.com]: node1

Use "%(bucket)s.s3.amazonaws.com" to the target Amazon S3. "%(bucket)s" and
"%(location)s" vars can be used
if the target S3 system supports dns based buckets.
DNS-style bucket+hostname:port template for accessing a bucket [%(bucket)
s.s3.amazonaws.com]: %(bucket).node1

Encryption password is used to protect your files from reading
by unauthorized persons while in transfer to S3
Encryption password:
Path to GPG program [/usr/bin/gpg]:

When using secure HTTPS protocol all communication with Amazon S3
servers is protected from 3rd party eavesdropping. This method is
slower than plain HTTP, and can only be proxied with Python 2.7 or newer
Use HTTPS protocol [Yes]: no

On some networks all internet access must go through a HTTP proxy.
Try setting it here if you can't connect to S3 directly
HTTP Proxy server name:

New settings:
  Access Key: Z14YG4VQ8ZW18CKF17BH
  Secret Key: t8hoosLKHorGtPa68tRQDKenSraJ4sVrtWjXTjwQ
  Default Region: US
  S3 Endpoint: node1
  DNS-style bucket+hostname:port template for accessing a bucket: %(bucket).node1
  Encryption password:
  Path to GPG program: /usr/bin/gpg
  Use HTTPS protocol: False
  HTTP Proxy server name:
  HTTP Proxy server port: 0

Test access with supplied credentials? [Y/n] n

Save settings? [y/N] y
Configuration saved to '/root/.s3cfg'
```

（5）使用以下命令创建桶。

```
6.root@node1:/etc/ceph# s3cmd mb s3://bucket
7.Bucket 's3://bucket/' created
```

（6）使用以下命令查看当前所有桶。

```
root@node1:/etc/ceph# s3cmd ls
s3://bucket
```

（7）使用以下命令向指定桶中上传 /etc/hosts 文件。

```
root@node1:/etc/ceph# s3cmd put /etc/hosts s3://bucket
```

（8）使用以下命令显示 bucket 中的文件。

```
root@node1:/etc/ceph# s3://bucket
```

（9）使用以下命令删除 my-bucket 中的 hosts 文件。

```
root@node1:/etc/ceph#s3cmd del s3://bucket/hosts
```

（10）使用以下命令删除 bucket。

```
root@node1:/etc/ceph#s3cmd rb s3://bucket
```

18.6 思考题

1. Ceph 中的 monitor 的作用是什么？若 monitor 节点发生故障，则会有哪些影响？
2. Ceph 中的 rbd 是块存储，底层是对象存储，那么 rbd 的地址如何映射到不同的对象上的？
3. 使用 fio 等工具测试 Ceph 的块存储，与虚拟机硬盘性能对比并分析差异的原因。

参考文献

[1] 阿里云计算主页 [Z].http://www.aliyun.com/.

[2] 华为云计算主页 [Z].https://www.huaweicloud.com/.

[3] 腾讯云计算主页 [Z].https://cloud.tencent.com/.

[4] 亚马逊云计算主页 [Z].https://aws.amazon.com/cn/.

[5] 阿里云大学 [Z]. https://edu.aliyun.com/.

[6] 腾讯云培训 [Z]. https://cloud.tencent.com/training.

[7] 亚马逊的培训和认证 [Z].https://www.aws.training/.

[8] 开源云计算系统 OpenStack 主页 [Z]. https://www.openstack.org/.

[9] 开源云存储系统 Ceph 主页 [Z]. https://ceph.com/.

[10] Thomas ERL，Zaigham Mahmood，Ricardo Puttini. 云计算：概念、技术与架构 [M].龚奕利，贺莲，胡创，译．北京：机械工业出版社，2014.

[11] 阿里云智能 - 全球技术服务部．企业迁云实战（第 2 版）[M]，机械工业出版社，2019.

[12] 安德烈亚斯·威蒂格，迈克尔·威蒂格．AWS 云计算实战 [M].北京：人民邮电出版社，2018.

[13] 卢万龙，周萌．OpenStack 从零开始学 [M].北京：电子工业出版社，2016.

[14] 管增辉，曾凡浪．OpenStack 架构分析与实践 [M].北京：中国铁道出版社，2019.

[15] 英特尔开源技术中心，OpenStack 设计与实现（第 2 版）[M].北京：电子工业出版社，2017.

[16] Tom Fifield， Diane Fleming 等．OpenStack 运维指南 [M].钱永超 译．北京：人民邮电出版社，2015-07-01

[17] 戢友．OpenStack 开源云王者归来 [M].北京：清华大学出版社，2014.

[18] 张华．深入浅出 Neutron：OpenStack 网络技术 [M].北京：清华大学出版社，2015.

[19] Weil, Sage A., et al. "Ceph: A scalable, high-performance distributed file system." Proceedings

of the 7th symposium on Operating systems design and implementation. 2006.

[20] Ceph 中国社区 [Z]， http://docs.ceph.org.cn/.

[21] 常涛. Ceph 源码分析 [M]. 北京：机械工业出版社，2016.

[22] 谢型果 等. Ceph 设计原理与实现 [M]. 北京：机械工业出版社，2017.

[23] 谢型果，严军. Ceph 之 RADOS 设计原理与实现 [M]. 机械工业出版社，2019.

[24] Karan Singh 著. Ceph 分布式存储学习指南 [M]. Ceph 中国社区 译. 北京：机械工业出版社，2017.

[25] Ceph 中国社区. Ceph Cookbook 中文版 [M]，北京：电子工业出版社，2016.

[26] Ceph 中国社区. Ceph 分布式存储实战 [M]，北京：机械工业出版社，2016.